嵌入式项目开发实践教程

——C8051F系列单片机应用案例

高 新 施远征 张岩艳 司 农◎著

首都经济贸易大学出版社
Capital University of Economics and Business Press
·北 京·

图书在版编目(CIP)数据

嵌入式项目开发实践教程:C8051F 系列单片机应用案例/高新等著.--北京:首都经济贸易大学出版社,2023.8

ISBN 978-7-5638-3533-1

Ⅰ.①嵌… Ⅱ.①高… Ⅲ.①单片微型计算机—程序设计—教材 Ⅳ.①TP368.1

中国国家版本馆 CIP 数据核字(2023)第 109694 号

嵌入式项目开发实践教程——C8051F 系列单片机应用案例

高　新　施远征　张岩艳　司　农　著

责任编辑　元　春

封面设计　砚祥志远·激光照排 TEL: 010-65976003

出版发行　首都经济贸易大学出版社

地　　址　北京市朝阳区红庙(邮编 100026)

电　　话　(010)65976483　65065761　65071505(传真)

网　　址　http://www.sjmcb.com

E-mail　publish@cueb.edu.cn

经　　销　全国新华书店

照　　排　北京砚祥志远激光照排技术有限公司

印　　刷　北京九州迅驰传媒文化有限公司

成品尺寸　170 毫米×240 毫米　1/16

字　　数　238 千字

印　　张　12.5

版　　次　2023 年 8 月第 1 版　2023 年 8 月第 1 次印刷

书　　号　ISBN 978-7-5638-3533-1

定　　价　45.00 元

图书印装若有质量问题,本社负责调换

前　言

党的二十大报告指出,教育、科技、人才是全面建设社会主义现代化国家的基础性、战略性支撑。必须坚持科技是第一生产力、人才是第一资源、创新是第一动力,深入实施科教兴国战略、人才强国战略、创新驱动发展战略,开辟发展新领域新赛道,不断塑造发展新动能新优势。

微处理器技术与应用是一类实践性很强的学科,是电子类及其相关专业本科生的主干课。它强调理论与实践的结合,侧重实践训练。但由于微处理器涉及的原理比较抽象,学生直接上手深度应用难度比较大,很多学生难以理解和掌握,学习有困难。本书通过提供指导和实验案例试图帮助学生解决以上问题。

本书围绕 C8051F 系列单片机展开讲解,该产品是由 Silicon Labs 公司推出的一系列性能出色、功能丰富,实用性强的微控制器（MCU）,该系列被广泛应用于嵌入式系统的设计、开发与应用领域。随着人工智能、智能制造等先进技术的不断升级和优化,嵌入式系统也在更加广泛的应用于工业、民用、军工产品的集成设计中。本书凝聚了电子类实践教学团队 20 余年的一手教学经验,既符合电子类实践课程的要求,又结合嵌入式的真实案例,在传统教材的基础上进行了大量便于教学的改进。主要特点有:

1. 起点低。本书贴近当代大学生的知识起点、适合电子信息、通信技术、计算机、自动化、微电子等各个专业学生的微控制系统设计入门教材。

2. 实践重。本书以真实的项目案例为目标,以项目需求的实现和优化为思路,将一个项目拆解为不同领域的多类型任务。每个任务都涵盖额对应理论知识点的讲解和说明,贴近重视实践过程的引领。

3. 步骤明。本书不仅在理论讲解方面注重清晰明确,在实践讲解中重视步骤和规划,每一个项目都可以按照由浅入深、层层推进的步骤和方式进行开展对应的实践教学。

本书的编写得到了北京工业大学信息学部自始至终的支持与帮助。信息与通信实验中心为本书的编写提供了大量实践教学资源。在此表示由衷的感谢！在本书的编写过程中，参考了许多相关的书籍和资料，编者在此对这些参考文献的作者表示感谢。同时感谢首都经济贸易大学出版社在本书出版过程中所给予的支持和帮助。因水平有限，书中难免存在错漏和不妥之处，望读者指正，以利改进和提高。

作者
2023 年

目 录

1　接触芯科 C8051F 的基本概念

MCS-51 是 Inte 公司于 1980 年推出的系列单片机，包括 8051、8031、8751 等型号。MSC-51 为 8 位单片机，片内集成了程序存储器、数据存储器、8 位定时/计数器等。其中 8051 单片机作为经典的单片机型号，是很多嵌入式开发从业者入门学习的首选型号。

芯科 C8051F 系列单片机在继承 8051 单片机架构的基础上，增加了更为丰富的外围设备，并且提供了较为方便的开发调试平台，是一款兼顾技术学习和应用开发的高质量嵌入式单片机。本书以芯科 C8051F023 芯片为核心，以工程应用为目标，通过项目开发实例为嵌入式系统初学者介绍电子工程设计领域的基本设计思路和方法。

本章主要介绍 C8051F 系列单片机的基本情况，以及开发平台的搭建。

1.1　认识 C8051F 系列嵌入式系统

本节主要向读者介绍嵌入式系统的应用场景，以及 C8051F 系列单片机的片内资源和特点，并带领读者搭建基于 C8051F 系列单片机的开发环境，为之后开发、设计、调试工作的开展建立基础。

1.1.1　嵌入式系统简介

目前，嵌入式系统技术日臻完善，在人们的日常生活中无处不在，从工业自动化、军事国防、航空航天，到生活、工作、娱乐的个人电子产品等很多领域得到了广泛应用。嵌入式系统具有多种类型和广泛的适用能力，每一类都具有自己独特的属性，可应用于不同的场景。

根据国际电气和电子工程师协会（IEEE）的定义，嵌入式系统是“控制、监视或者辅助机器、设备运行的装置”。这主要是从应用的角度进行定义的，将嵌入式系统看作是软件和硬件的综合体，同时也涵盖机械等附属装置。

另外一种定义方式是从系统的角度出发，认为嵌入式系统是以应用为中心、以计算机技术为基础、软/硬件可增减，能满足应用系统对功能、可靠性、成本、体积、功耗有严格要求的专用计算机系统。由此可见，带有微处理器的专用软硬件系统都可以称为嵌入式系统。

嵌入式系统与通用计算机系统相比具有以下特点：嵌入式系统通常面对一些特定的应用场景，多为特定用户设计的系统，它集成度高、体积小、功耗低，能够把通用计算机系统中由许多板卡完成的任务集成在一个芯片中，而且根据系统的大小、功能的不同，可选择不同的电路模块进行芯片设计集成。嵌入式系统将计算机技术、集成电路技术与具体应用有机地结合在一起，而且随着 5G 等通信技术的发展，在万物互联的应用场景中，嵌入式系统的应用必将日益广泛。

在嵌入式系统中，嵌入式处理器是其中的核心部件，据不完全统计，全世界嵌入式处理器的种类有上千种，主要的芯片体系结构有几十种，其中使用 8051 体系的占一多半，各生产厂家的 8051 单片机衍生产品有 300 多种。嵌入式处理器可以分为嵌入式微处理器（Embedded Microprocessor Unit，EMPU）、嵌入式控制器（Embedded Microcontroller Unit，EMCU）、嵌入式 DSP 处理器（Embedded Digital Signal Processor，EDSP）、嵌入式片上系统（Embedded System on Chip，ESoC）。本书主要介绍 C8051F 单片机，它是一种能独立工作的嵌入式片上系统（ESoC）。

1.1.2 C8051F 系列单片机系统

C8051Fxxx 是美国 Cygnal 公司推出的高速、高性能混合信号处理单片机，2003 年 Cygnal 公司被 Silicon Labs 公司收购，C8051F 系列单片机也成为 Silicon Labs 公司旗下一款重要的微控制器（Microcontroller Unit，MCU）产品。

1.1.2.1 C8051Fxxx 简介

Silicon Laboratories 公司由纳维·斯乌施（Nav Sooch）、戴夫韦兰（Dave Welland）和杰夫·斯科特（Jeff Scott）在 1996 年于美国得州奥斯汀（Austin，Texas）成立，主要设计和开发模拟密集型混合信号集成电路。Silicon Laboratories 的产品组合包括高性能混合信号微控制器，有 8 位和 32 位两种类型，此外还有无线通信产品、汽车电子电路产品、时钟和数据恢复集成电路、精密时钟集成电路等。

C8051Fxxx 系列单片机是完全集成的混合信号系统级芯片，它采用与 8051 单片机兼容的 CIP-51 微控制器内核，CIP-51 指令与 MCS51 指令系统完全兼容，共有 111 条指令。除了具有标准 8051 单片机的数字外设部件之外，片内还集成了数据采集和控制系统中常用的模拟部件和其他数字外设部件或功能部件。其中的数字外设部件或功能部件包括模拟多路选择器、可编程增益放大器、ADC、DAC、电压比较器、电压基准、温度传感器、SMBus/I2C、UART、SPI、可编程计数器/定时器阵列（PCA）、定时器、数字 I/O 端口、电源监视器、看门狗定时器（WDT）和时钟振荡器等。器件中有内置的 Flash 程序存储器和 256B 的内部随机存取存储器，有些器件内部还有位于外部数据存储器空间的随机存取存储器，即 XRAM。

C8051Fxxx 单片机采用流水线结构，机器周期由标准的 12 个系统时钟周期降为 1 个系统时钟周期，处理能力相较于传统 8051 单片机有了大大提高，峰值性能可达 25 MIPS。在标准的 8051 单片机中，除 MUL 和 DIV 以外所有指令都需要 12 个或 24 个系统时钟周期。而对于采用了 CIP－51 内核的 C8051Fxxx 单片机，70%指令的执行时间为 1 个或 2 个系统时钟周期，只有 4 条指令的执行时间大于 4 个系统时钟周期。

C8051Fxxx 单片机是真正能独立工作的片上系统（Systern on Chip，SoC），能有效地管理模拟和数字外设，可以关闭单个或全部外设以节省功耗。Flash 存储器还具有在系统中重新编程的能力，可用于非易失性数据存储，并允许现场更新 8051 固件。程序可以使用 MOVC 和 MOVX 指令对 Flash 存储器进行读或写，每次读或写一个字节。这一特性允许将程序存储器用于非易失性数据存储以及在软件控制下更新程序代码。

片内 JTAG（Joint Test Action Group）调试支持功能允许使用安装在最终应用系统上的 MCU 产品进行非侵入式（不占用片内资源）、全速在系统调试。该调试系统支持观察和修改存储器和寄存器，支持断点、单步、运行和停机命令。在使用 JTAG 调试时，所有的模拟和数字外设都可全功能运行。每个 MCU 产品都可在工业温度范围（－45～+85℃）内用 2.7～3.6 V 的电压工作。端口 I/O、/RST 和 JTAG 引脚都允许输入 5 V 的电压信号。

本书重点介绍的是 C8051F02x 系列 8 位单片机。表 1－1 列举了目前 Silicon Laboratories 公司 8 位单片机的部分型号及参数。

1.1.2.2 C8051F02x 系列 8 位单片机

（1）C8051F02x 系列 8 位单片机资源配置。C8051F02x 系列产品是高度集成的混合信号微控制单元，其资源配置综合如下：

1）具有高速 8051 微控制器内核，在时钟频率为 25 MHz 时，速度可达 25 MIPS。

表 1-1　Silicon Labs 公司 8 位单片机的部分型号及参数

	Frequency	Flash(KB)	RAM(KB)	GPIO	ADC1	DAC	SPI	UART	Timers
EFM8 BB5 NEW EFM8 BB5 8-bit Microcontrollers(MCUs)	50	4,8,16,32	0,5,1.28,2.30	9,12,16,25,29	Yes	Yes	1	1,2	4
EFM8 Busy Bee EFM8 Busy Bee 8-bit Microcontrollers(MCUs)	25,50	2,4,8,16,32,64	0.25,0.5,2.25,4.25	13,16,18,20,21,22 28,29	Yes	Yes	1	1,2	4,5,6
EFM8 Laser Bee EFM8 Anolog Intensive Laser Bee 8-bit Microcontrollers (MCUs)	72	16,32,64	1.25,2.25,4.25	20,21,28,29	Yes	Yes	1	2	6
EFM8 Sleepy Bee EFM8 Ultra Low Power Sleepy Bee 8-bit Microcontrollers (MCUs)	25	2,4,8,16,32,64	0.25,0.5,4	13,17,17,24	Yes	—	1,2	1	4
EFM8 Universal Bee EFM8 USB Capable Universal Bee 8-bit Microcontrollers (MCUs)	48	8,16,32,64	2,4	13,17,22,25,40	Yes	—	1	2	5,6
C8051F00x/01x Analog-Intensive MCUs	20,25	32	0.25,2.25	8,16,32	Yes	Yes	1	1	4
C8051F02x C8051F02x Analog-Intensive MCUs	25	64	4.25	32,64	Yes	Yes	1	2	5
C8051F2xx C8051F2xx Small Form Factor Microcontrollers	25	8	0.25,1.25	22,32	Yes	—	1	1	3

2）具有 64 KB Flash 存储器，可以实现在线编程，每个扇区大小为 512 B。

3）具有 4 352 B 的片内数据 RAM，可以扩展的 64 KB 外部数据 RAM。

4）模拟外设部分，内部集成了两个独立的高速 ADC 子系统，分别为 10/12 位 100 ksps 和 8 位 500 ksps；还包括两个独立的 12 位 DAC 系统，两个模拟比较器、电压基准、内置温度传感器（±3℃）。

5）数字外设部分，有 32-64 数字 I/O 端口，所有 I/O 输入耐压均为 5 V；具有丰富的串行接口，包括 SMBus（I^2C 兼容）、SPI 总线、2 个 UART 串口；有 5 个通用 16 位计数器/定时器；5 个 PCA 通道。

6）供电电压为 2.7~3.6 V，典型工作电流为 10 mA，有多种节电休眠和停机方式。

7）C8051F02x 系列单片机还具有片上 VDD 监视器、看门狗定时器和时钟振荡器，是真正独立的嵌入式片上系统。所有模拟和数字外围设备都由用户固件启用、禁用和配置。Flash 存储器可以在电路中重新编程，可存储非易失性数据，还允许 8051 固件的现场升级。

8）可以进行 JTAG 调试和边界扫描，片内调试电路可提供全速、非侵入式在系统调试（不需仿真器），支持断点、单步、观察点、堆栈监视器；可以观察或修改存储器和寄存器。

（2）C8051F02x 系列 8 位单片机的内部结构图如图 1-1 所示。

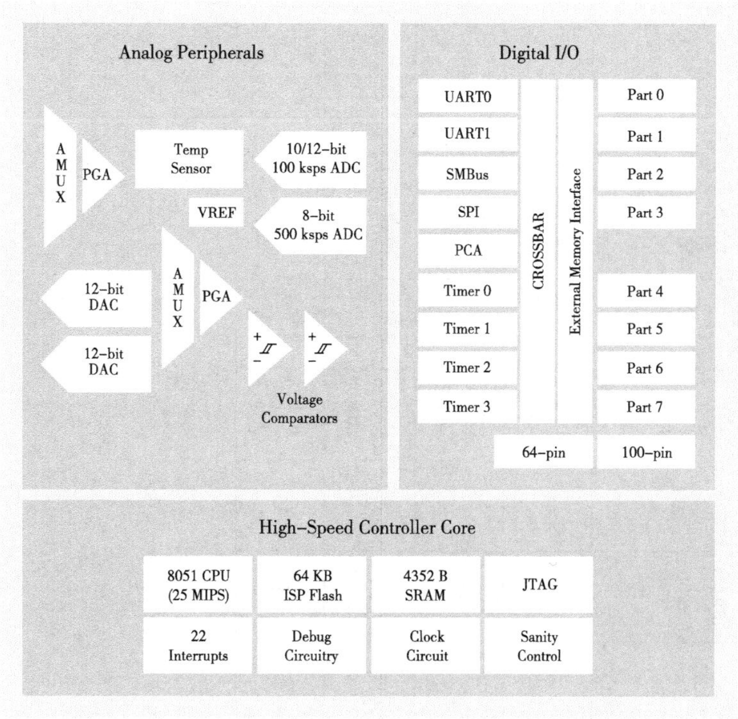

图 1-1　C8051F02x 系列 8 位单片机的内部结构图

（3）C8051F02x 系列 8 位单片机的类型。C8051F02x 系列单片机包含以下型号：C8051F020、C8051F021、C8051F022 和 C8051F023。C8051F02x 系列单片机各型号产品的内部资源见表 1-2。

（4）C8051F023 内部原理。本书重点介绍 C8051F023 单片机，图 1-2 以 C8051F023 芯片为例，展示了该型号产品的内部原理。

1.1.2.3　C8051F023 单片机的引脚功能

C8051F023 单片机的封装形式为 TQFP-64，图 1-3 所示为其封装引脚图。

表 1-2　C8051F02x 系列单片机各型号产品的内部资源

	程序存储器（Flash）	片内数据存储器（SARM）	片外数据存储器扩展	SMBus/I^2C	SPI	UART	定时器（16 位）	数字 I/O 端口	100ksps ADC 输入	500ksps ADC 输入	DAC 输出	电压比较器	电压基准/温度传感器	封装
C8051F020	64 KB	4 352 KB	64 KB	1	1 条	2 个	5 个	64	12 位 8ch	8 位 8ch	12 位 2ch	2 个	1 个	TQFP-100
C8051F021	64 KB	4 352 KB	64 KB	1	1 条	2 个	5 个	32	12 位 8ch	8 位 8ch	12 位 2ch	2 个	1 个	TQFP-64
C8051F022	64 KB	4 352 KB	64 KB	1	1 条	2 个	5 个	64	10 位 8ch	8 位 8ch	12 位 2ch	2 个	1 个	TQFP-100
C8051F023	64 KB	4 352 KB	64 KB	1	1 条	2 个	5 个	32	10 位 8ch	8 位 8ch	12 位 2ch	2 个	1 个	TQFP-64

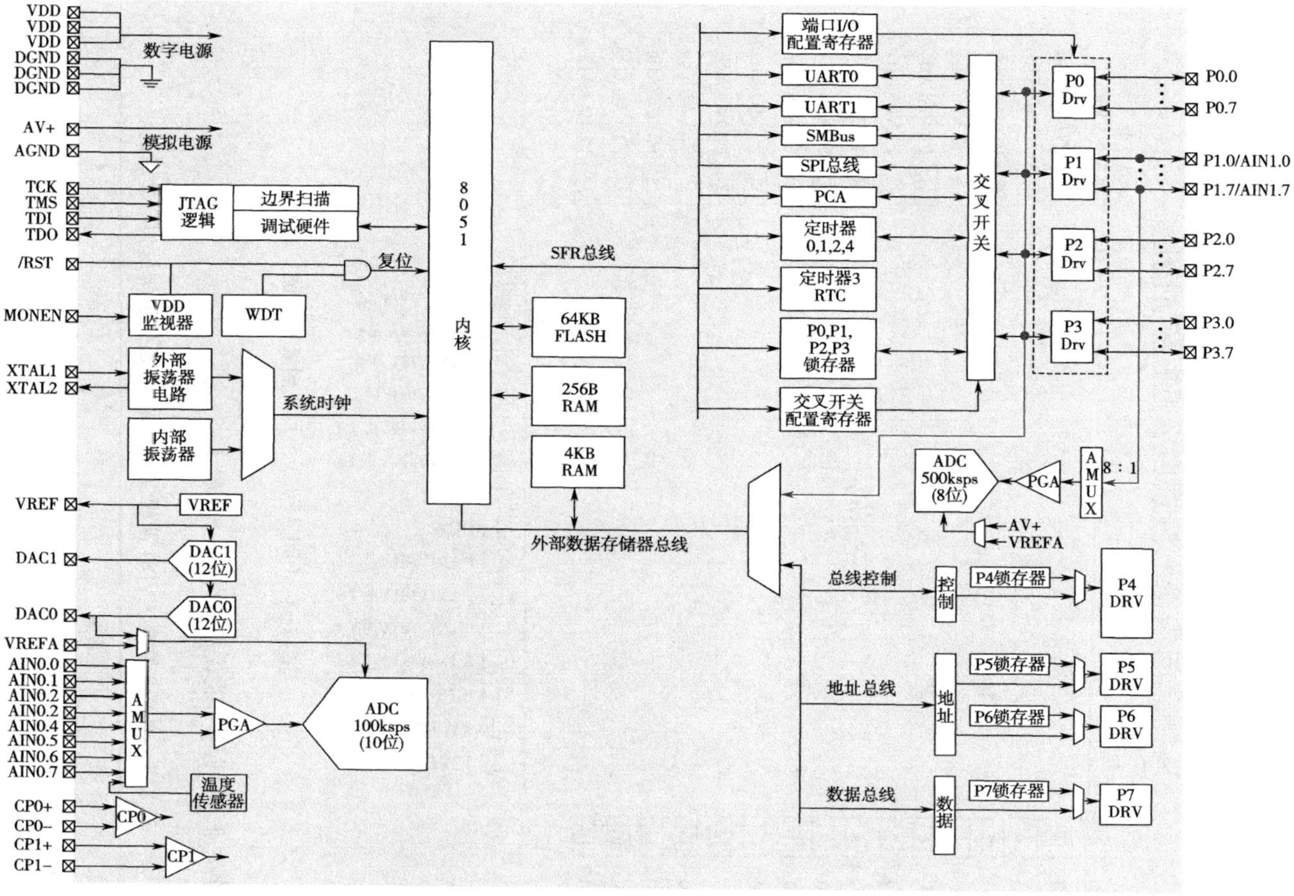

图1-2　C8051F023原理框图

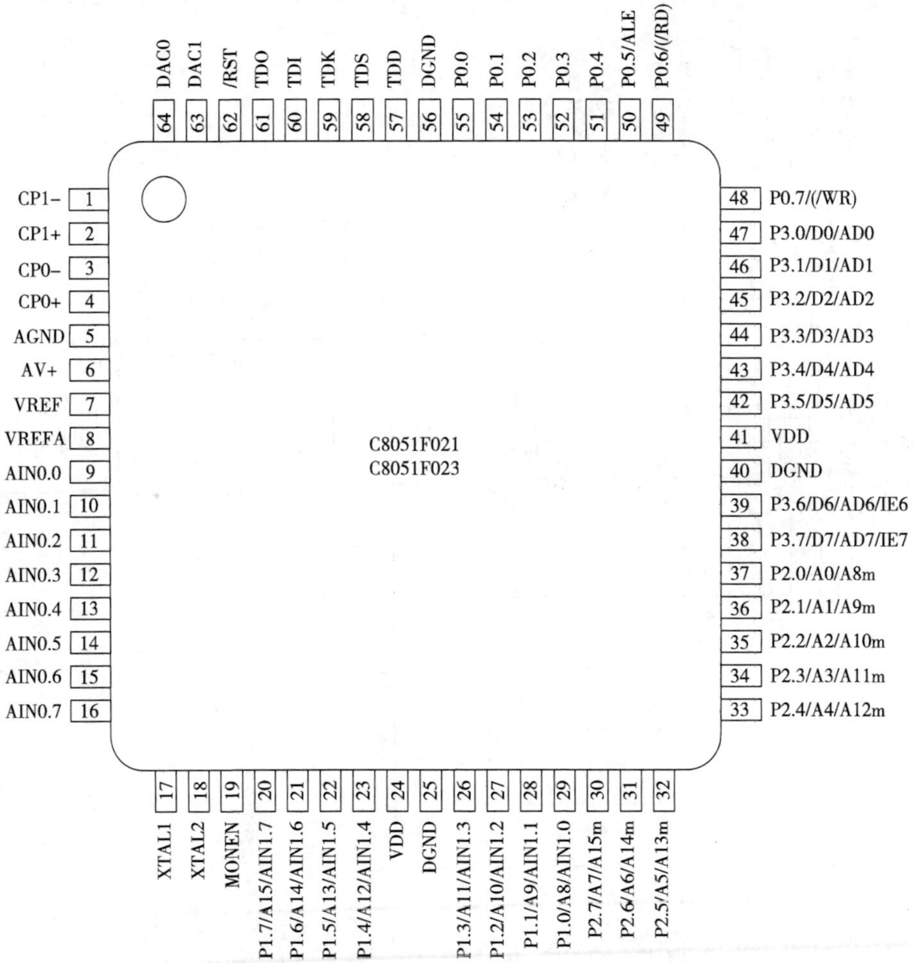

图 1-3　C8051F023 单片机封装引脚图

各引脚排列与功能说明见表 1-3～表 1-8。

表 1-3　电源、晶振、VDD 监视器、JTAG、复位引脚排列与功能说明

名称	序号	类型	说明
VDD	24，41，57		数字电源，必须接+2.7 V～+3.6 V
DGND	25，40，56		数字地，必须接地
AV+	6		模拟电源，必须接+2.7 V～+3.6 V
AGND	5		模拟地，必须接地

续表

名称	序号	类型	说明
XTAL1	17	模拟输入	晶体输入。该引脚为晶体或陶瓷谐振器的内部振荡器电路的反馈输入。为了得到一个精确的内部时钟，可以在 XTAL1 和 XTAL2 之间接上一个晶体或陶瓷谐振器。如果被一个外部 CMOS 时钟驱动，则该引脚可提供系统时钟
XTAL2	18	模拟输出	晶体输出。该引脚是晶体或陶瓷谐振器的激励驱动器
MONEN	19	模拟输入	VDD 监视器使能。该引脚接高电平时，使能内部 VDD 监视器工作，当 VDD<2.7V 时强制系统复位。该引脚接低电平时，内部 VDD 监视器被禁止
TMS	58	数字输入	JTAG 测试模式选择，带内部上拉
TCK	59	数字输入	JTAG 测试时钟，带内部上拉
TDI	60	数字输入	带 JTAG 测试数据输入，带内部上拉。TDI 信号在 TCK 上升沿时刻被锁存
TDO	61	数字输出	带 JTAG 测试数据输出，带内部上拉。数据在 TCK 的下降沿从 TDO 引脚输出。TDO 输出是一个三态驱动器
/RST	62	数字 I/O	器件复位。内部 VDD 监视器的漏极开路输出。当 VDD<2.7V 并且 MONEN 为高时被驱动为低电平。一个外部源可以通过将该引脚置为低电平启动一次系统复位

表 1-4　P0 口引脚排列与功能说明

名称	序号	类型	说明
P0.0	55	数字 I/O	一般 I/O，可以被配置为漏极开路或推挽输出方式和弱上拉
P0.1	54	数字 I/O	一般 I/O，同 P0.0 口
P0.2	53	数字 I/O	一般 I/O，P0.0 口
P0.3	52	数字 I/O	一般 I/O，P0.0 口
P0.4	51	数字 I/O	一般 I/O，P0.0 口
P0.5/ALE	50	数字 I/O	1. 一般 I/O，同 P0.0 口 2. 外部存储器地址总线 ALE 选通（复用方式）
P0.6/(/RD)	49	数字 I/O	1. 一般 I/O，P0.0 口 2. 外部存储器接口的/RD 选通

续表

名称	序号	类型	说明
P0.7/ (/WR)	48	数字 I/O	1. 一般 I/O，P0.0 口 2. 外部存储器接口的/WR 选通

表 1-5　P1 口引脚排列与功能说明

名称	序号	类型	说明
P1.0/A8/AN1.0	29	数字 I/O 模拟输入	1. 一般 I/O，同 P0.0 口 2. 外部存储器寻址高 8 位地址总线位 8（非复用方式）。 3. ADC1 输入通道 0
P1.1/A9/AIN1.1	28	数字 I/O 模拟输入	1. 一般 I/O，同 P0.0 口 2. 外部存储器寻址高 8 位地址总线位 9（非复用方式） 3. ADC1 输入通道 1
P1.2/A10/AIN1.2	27	数字 I/O 模拟输入	1. 一般 I/O，同 P0.0 口 2. 外部存储器寻址高 8 位地址总线位 10（非复用方式） 3. ADC1 输入通道 2
P1.3/A11/AIN1.3	26	数字 I/O 模拟输入	1. 一般 I/O，同 P0.0 口 2. 外部存储器寻址高 8 位地址总线位 11（非复用方式） 3. ADC1 输入通道 3
P1.4/A12/AIN1.4	23	数字 I/O 模拟输入	1. 一般 I/O，同 P0.0 口 2. 外部存储器寻址高 8 位地址总线位 12（非复用方式） 3. ADC1 输入通道 4
P1.5/A13/AIN1.5	22	数字 I/O 模拟输入	1. 一般 I/O，同 P0.0 口 2. 外部存储器寻址高 8 位地址总线位 13（非复用方式） 3. ADC1 输入通道 5

续表

名称	序号	类型	说明
P1.6/A14/AIN1.6	21	数字 I/O 模拟输入	1. 一般 I/O，同 P0.0 口 2. 外部存储器寻址高 8 位地址总线位 14（非复用方式） 3. ADC1 输入通道 6
P1.7/A15/AIN1.7	20	数字 I/O 模拟输入	1. 一般 I/O，同 P0.0 口 2. 外部存储器寻址高 8 位地址总线位 15（非复用方式） 3. ADC1 输入通道 7

表 1-6　P2 口引脚排列与功能说明

名称	序号	类型	说明
P2.0/A0/A8m	37	数字 I/O	1. 一般 I/O，同 P0.0 口 2. 外部存储器寻址低 8 位地址总线位 0（非复用方式） 3. 外部存储器寻址高 8 位地址总线位 8（复用方式）
P2.1/A1/A9m	36	数字 I/O	1. 一般 I/O，同 P0.0 口 2. 外部存储器寻址低 8 位地址总线位 1（非复用方式） 3. 外部存储器寻址高 8 位地址总线位 9（复用方式）
P2.2/A2/A10m	35	数字 I/O	1. 一般 I/O，同 P0.0 口 2. 外部存储器寻址低 8 位地址总线位 2（非复用方式） 3. 外部存储器寻址高 8 位地址总线位 10（复用方式）
P2.3/A3/A11m	34	数字 I/O	1. 一般 I/O，同 P0.0 口 2. 外部存储器寻址低 8 位地址总线位 3（非复用方式） 3. 外部存储器寻址高 8 位地址总线位 11（复用方式）

续表

名称	序号	类型	说明
P2. 4/A4/A12m	33	数字 I/O	1. 一般 I/O，同 P0. 0 口 2. 外部存储器寻址低 8 位地址总线位 4（非复用方式） 3. 外部存储器寻址高 8 位地址总线位 12（复用方式）
P2. 5/A5/A13m	32	数字 I/O	1. 一般 I/O，同 P0. 0 口 2. 外部存储器寻址低 8 位地址总线位 5（非复用方式） 3. 外部存储器寻址高 8 位地址总线位 13（复用方式）
P2. 6/A6/A14m	31	数字 I/O	1. 一般 I/O，同 P0. 0 口 2. 外部存储器寻址低 8 位地址总线位 6（非复用方式） 3. 外部存储器寻址高 8 位地址总线位 14（复用方式）
P2. 7/A7/A15m	30	数字 I/O	1. 一般 I/O，同 P0. 0 口 2. 外部存储器寻址低 8 位地址总线位 7（非复用方式） 3. 外部存储器寻址高 8 位地址总线位 15（复用方式）

表 1-7　P3 口引脚排列与功能说明

名称	序号	类型	说明
P3. 0/D0/AD0	47	数字 I/O	1. 一般 I/O，同 P0. 0 口 2. 外部存储器数据总线位 0（非复用方式） 3. 外部存储器寻址低位地址 0/数据总线位 0（复用方式）
P3. 1/D1/AD1	46	数字 I/O	1. 一般 I/O，同 P0. 0 口 2. 外部存储器数据总线位 1（非复用方式） 3. 外部存储器寻址低位地址 1/数据总线位 1（复用方式）

续表

名称	序号	类型	说明
P3.2/D2/AD2	45	数字 I/O	1. 一般 I/O，同 P0.0 口 2. 外部存储器数据总线位 2（非复用方式） 3. 外部存储器寻址低位地址 2/数据总线位 2（复用方式）
P3.3/D3/AD3	44	数字 I/O	1. 一般 I/O，同 P0.0 口 2. 外部存储器数据总线位 3（非复用方式） 3. 外部存储器寻址低位地址 3/数据总线位 3（复用方式）
P3.4/D4/AD4	43	数字 I/O	1. 一般 I/O，同 P0.0 口 2. 外部存储器数据总线位 4（非复用方式） 3. 外部存储器寻址低位地址 4/数据总线位 4（复用方式）
P3.5/D5/AD5	42	数字 I/O	1. 一般 I/O，同 P0.0 口 2. 外部存储器数据总线位 5（非复用方式） 3. 外部存储器寻址低位地址 5/数据总线位 5（复用方式）
P3.6/D6/AD6/IE6	39	数字 I/O	1. 一般 I/O，同 P0.0 口 2. 外部存储器数据总线位 6（非复用方式） 3. 外部存储器寻址低位地址 6/数据总线位 6（复用方式） 4. 可被配置为边沿触发的外部中断源 IE6。
P3.7/D7/AD7/IE7	38	数字 I/O	1. 一般 I/O，同 P0.0 口 2. 外部存储器数据总线位 7（非复用方式） 3. 外部存储器寻址低位地址 7/数据总线位 7（复用方式） 4. 可被配置为边沿触发的外部中断源 IE7

表 1-8　ADC、DAC、比较器相关的引脚排列与功能说明

名称	序号	类型	说明
VREF	7	模拟输入	带隙电压基准输出（所有器件），DAC 电压基准输入

续表

名称	序号	类型	说明
VREFA	8	模拟输入	ADC0 和 ADC1 的电压基准输入
AIN0.0	9	模拟输入	ADC0 输入通道 0
AIN0.1	10	模拟输入	ADC0 输入通道 1
AIN0.2	11	模拟输入	ADC0 输入通道 2
AIN0.3	12	模拟输入	ADC0 输入通道 3
AIN0.4	13	模拟输入	ADC0 输入通道 4
AIN0.5	14	模拟输入	ADC0 输入通道 5
AIN0.6	15	模拟输入	ADC0 输入通道 6
AIN0.7	16	模拟输入	ADC0 输入通道 7
CP0+	4	模拟输入	比较器 0 的同相输入端
CP0-	3	模拟输入	比较器 0 的反相输入端
CP1+	2	模拟输入	比较器 1 的同相输入端
CP1-	1	模拟输入	比较器 1 的反相输入端
DAC0	64	模拟输出	数模转换器 0 的电压输出
DAC1	63	模拟输出	数模转换器 1 的电压输出。

1.1.2.4 C8051F023 单片机的存储器结构

C8051F023 单片机系统控制器的存储器结构与标准 8051 的存储器结构类似，都有两个独立的存储器空间（程序存储器和数据存储器），其程序存储器和数据存储器共享同一个地址空间，但用不同类型的指令访问。C8051F023 单片机内部有 256 B 的内部数据存储器和 64 KB 的内部程序存储器。C8051F023 单片机的存储器结构如图 1-4 所示。

1.1.3 C8051F 系列单片机应用场景

C8051F 系列单片机作为 SoC 芯片的杰出代表能够满足绝大部分场合的复杂功能要求，并在嵌入式领域的各个场合都得到了广泛的应用：在工业控制领域，其丰富的模拟资源可用于工业现场多种物理量的监测、分析及控制和显示；在便携式仪器领域，其低功耗和强大的外设接口非常适合各种信号的采集、存储和传输。此外，新型的 C8051F5xx 系列单片机在汽车电子行业中崭露头角。正是这些优势，使得 C8051 单片机在进入中国市场的短短几年内就迅速风靡，相信随着新型号的不断推出以及推广力度的不断加大，C8051 系列单片机将迎来日益广阔的

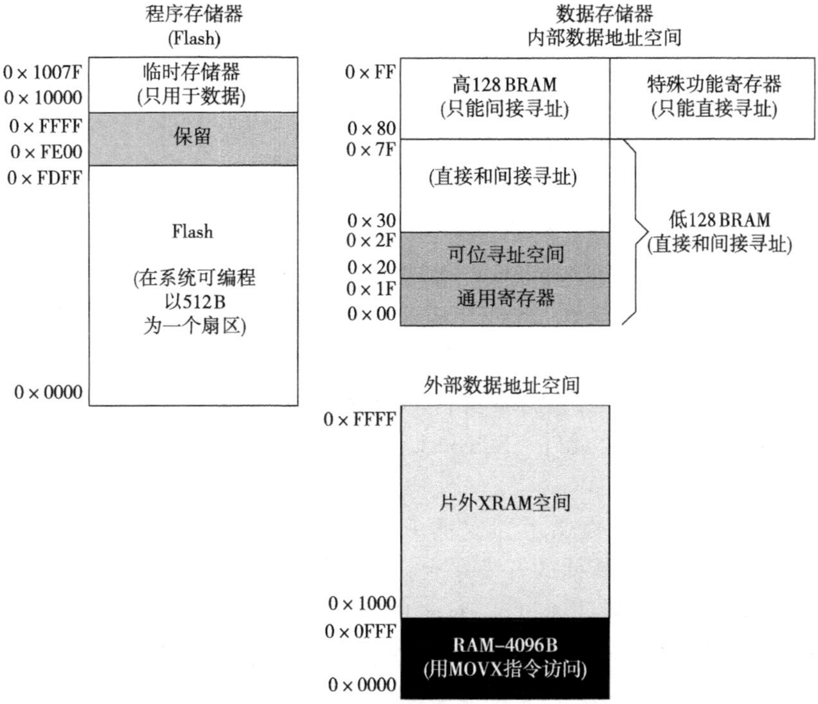

图 1-4　C8051F023 单片机的存储器结构

发展空间，成为嵌入式领域的时代宠儿。本书由比较典型的 C8051F023 单片机入手，以项目开发的形式介绍一些实际案例，帮助读者由浅入深地逐步掌握 C8051F 系列单片机的编程、调试、运行等知识，以及电子工程设计领域项目开发的基本流程和设计思路。

1.1.4　C8051F 系列单片机开发工具和平台

在开发时单片机的应用程序大都遵循以下流程：编辑源程序（编辑器）→生成机器代码（C51 编译器）→代码的下载、运行。其中代码的编辑、编译、调试都依赖于调试环境中的软件平台。

Silicon Labs 公司为 C8051F 系列单片机的开发提供了专用的开发平台：Silicon Labs IDE。下面介绍如何使用 Silicon Labs IDE 软件平台和专用调试器搭建 C8051F 系列单片机的开发环境。

1.1.4.1　Silicon Labs IDE

目前，单片机程序的编辑、编译大多采用集成开发环境 IDE（Integrated

Development Environment)。

集成开发环境 IDE 是一套完整独立的软件程序，它为设计者提供了用于开发和测试项目的所有工具。程序的主要特点如下。

（1）拥有项目管理界面。

（2）功能齐全、可进行配置的编辑器。

（3）工具链接集成支持汇编器、编译器和链接器的无缝链接。

（4）调试器支持单步、跟踪、断点、运行到光标、全速运行等多种调试方式，具有设置内部数据存储器观察点等功能。

（5）可自定义工具菜单，用于集成开发者自己的编译器或其他开发工具。

（6）可为指定的目标环境产生配置代码的配置向导“Configuration Wizard 2”。

Silicon Labs IDE 集成了程序源文件的编辑、程序的编译（汇编）链接和程序的源代码级调试等功能。此外，Silicon Labs IDE 还允许用户自由选择第三方编译器进行程序开发。

Silicon Labs 公司还提供了独立的 Flash 程序下载工具“Flash Programming Utility”。开发者可以在其他的开发平台上进行程序源文件的编辑，在程序编译（汇编）生成机器代码后，通过“Flash Programming Utility”将机器代码下载至单片机中。Flash Programming Utility 支持对存储器的读/写操作，可以完成一些简单的程序运行、调试工作，但是不能实现在线调试。

1.1.4.2 调试适配器

Silicon Laboratories IDE 运行于 Windows 操作系统下，可以实现程序的编译，并生成可执行代码，配合专用的“调试适配器”可以将可执行代码下载到单片机中，开展运行、调试等工作。单片机程序运行过程中，Silicon Laboratories IDE 软件可通过“调试适配器”获取单片机内外资源状态，并且支持单步、跟踪、断点、运行到光标、全速运行等多种调试方式。

调试适配器通过 C8051F 系列单片机上的 JTAG 接口控制单片机运行并获取其状态信息。

本书中介绍的实例主要采用 U-EC6 8 位 USB 调试适配器（UDA-USB Debug Adapter）实现程序下载和调试，该款“调试适配器”具有连接计算机的 USB 端口和连接单片机系统的 JTAG 接口的功能。图 1-5 为 U-EC6 JTAG 适配器。

1.1.4.3 JTAG 接口

JTAG 是一种国际标准测试协议，主要用于芯片内部测试。在单片机开发过程中，JTAG 接口主要用于程序的下载和调试。

标准的 JTAG 接口一般由 7 根信号线组成，但通常使用 4 根信号线便可满足单片机的开发应用。

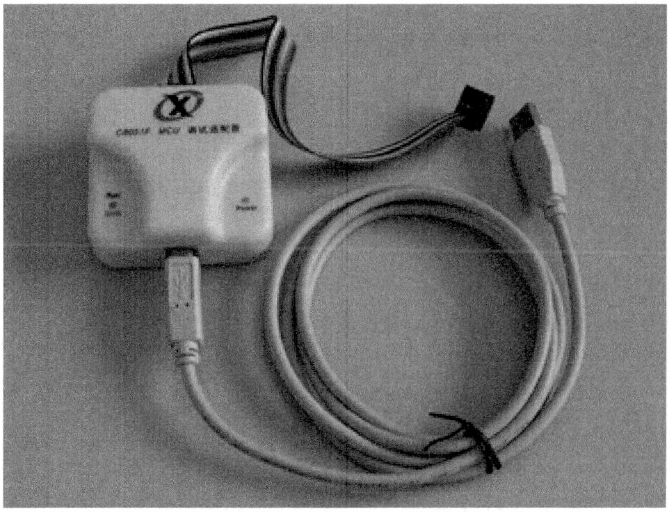

图 1-5　U-EC6 JTAG 适配器

C8051F023 芯片上，TCK、TDI、TDO、TMS 信号分别位于 TQFP-64 封装上的 59、60、61、58 号引脚。TCK 为测试时钟输入，TDI 为测试数据输入，TDO 为测试数据输出，TMS 为测试模式选择。

1.1.4.4　调试环境搭建

单片机调试环境的最大特点就是可以人为控制程序的运行过程，开发人员可以采用多种方法灵活地调试程序。C8051F 开发调试环境平台中各组成部分有着明确的分工：U-EC6 作为 JTAG 适配器负责实现计算机与目标系统之间的数据交换；而源程序的编辑、汇编和编译，目标代码的生成，程序运行过程的控制则由 Silicon Labs IDE 承担。图 1-6 为开发平台的硬件连接。

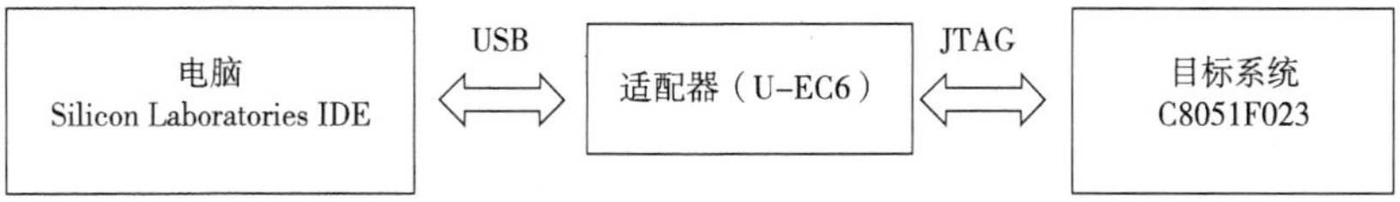

图 1-6　开发平台的硬件连接

单片机在中央处理器控制器的指挥下执行指令，一旦开始运行程序，其指令执行过程无法人为控制，单片机内部各种资源的工作状态也无从知晓。开发调试平台的搭建，相当于开发人员控制程序的运行，是观测单片机状态的“通道”，使得开发人员可以非常便捷地观测到程序运行的过程，大大缩短了开发周期，提升了开发效率。

1.1.5 C8051F 系列单片机的项目开发流程

1.1.5.1 建立 C8051F 的新项目

这里所说的“项目”主要是用于保存源文件、工具链集成设置、目标生成配置设置、设备连接设置、编辑器设置和 IDE 窗口配置的信息。下面的各种操作以 Silicon Labs IDE（Ver. 5.50）为准。

打开 Silicon Labs IDE，在 IDE 视窗左边的 Project（项目）窗口中，用鼠标右键单击 New Project（新建项目），如图 1-7 所示。

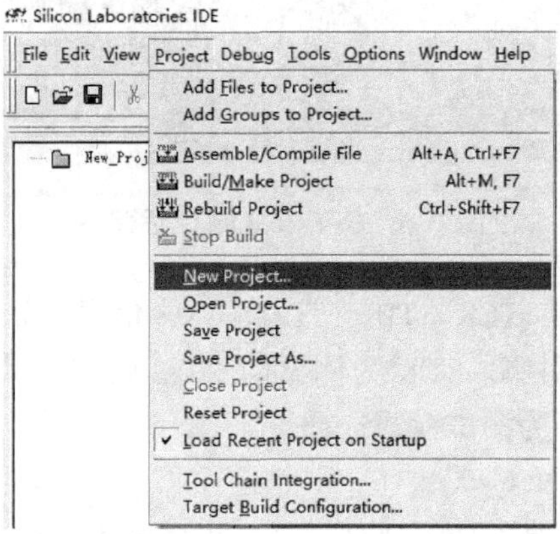

图 1-7 Silicon Laboratories IDE 新建项目

在新建窗口选择 Project（项目），在 Select Device（设备选择）的下拉窗中选择相应单片机型号，输入 Project name（项目名称），选择 Location（路径位置），再选择 Project（项目属性），确认后完成新项目的建立，如图 1-8 所示。

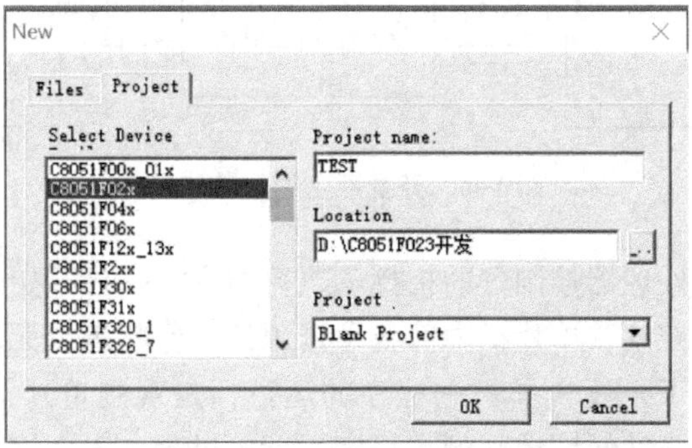

图 1-8 Silicon Laboratories IDE 选择目标器件

保存项目可以通过 Project 菜单的 Save Project 实现，也可在 Silicon Labs IDE 视窗左边的 Project 窗口中，用鼠标右键单击 Save Project TEST 实现，如图 1-9 所示。

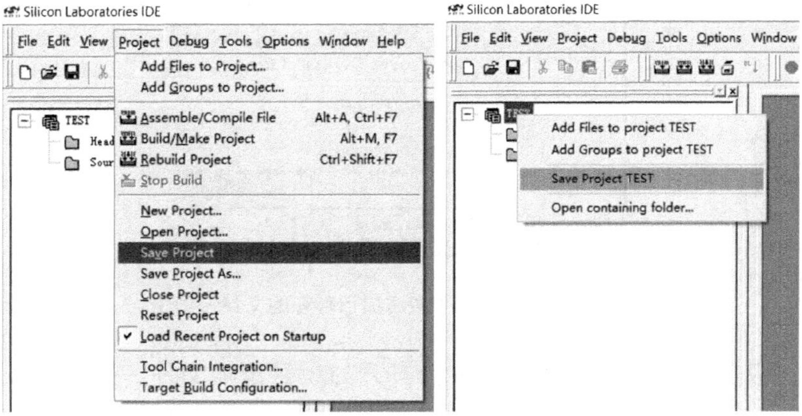

图 1-9　Silicon Labs IDE 项目的保存

使用 Save Project As 可以实现项目的另存。在弹出的 Save Workspace（保存工作区）对话框中，键入新的项目名称，选择一个适当的目录另存项目，如图 1-10 所示。

图 1-10　Silicon Labs IDE 项目的另存

1.1.5.2　项目中添加程序文件

为已经存在的项目添加程序文件可以使用以下两种方法。

（1）从 Project（项目）窗口的 File View（文件视图）选项卡中向项目添加文件。在项目的名称上单击鼠标右键，然后单击弹出菜单中的 Add Files to project test（添加文件）菜单项，如图 1-11 所示。

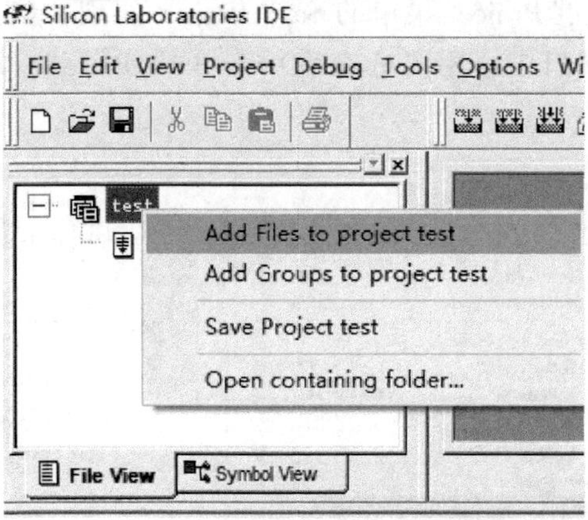

图 1-11 从文件视图中添加已存在的文件至项目

(2) 从 Project（项目）菜单中向打开的项目添加文件。打开项目，使用 Add Files to Project...（添加文件）菜单项即可添加文件，如图 1-12 所示。

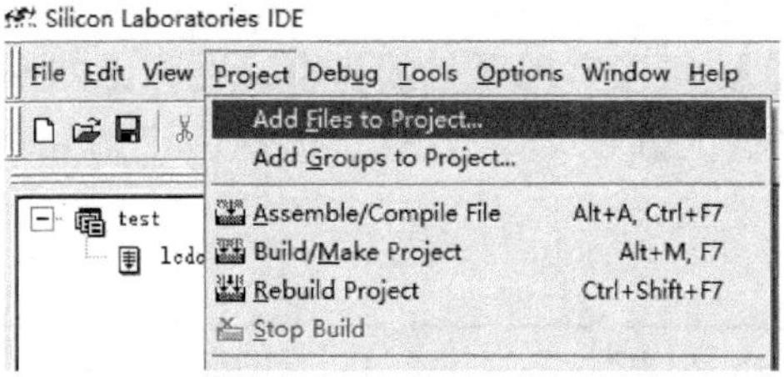

图 1-12 从项目菜单中添加已存在的文件至项目

当要从现有项目中删除文件时，可以执行以下操作：在 Project（项目）窗口的 File View（文件视图）选项卡中右键单击要删除的文件，或者在 Project（项目）窗口的 File View（文件视图）选项卡中选择要删除的文件，然后按键盘上的 Delete 键。

1.1.5.3 编译和下载

当在一个项目中有多个相互独立的程序文件时，首先要指明需要进行编译、生成和调试的源程序。在 Project（项目）窗口的 File View（文件视图）选项卡中找到要处理的文件，在文件的名称上单击鼠标右键，单击弹出菜单中的 Add ***.c to build（添加生成文件）菜单项，如图 1-13 所示。

在选择好需要的源程序后，该文件左侧图标会发生改变，如图 1-14 所示，表示这个文件被“激活”，将进行编译、生成和调试。

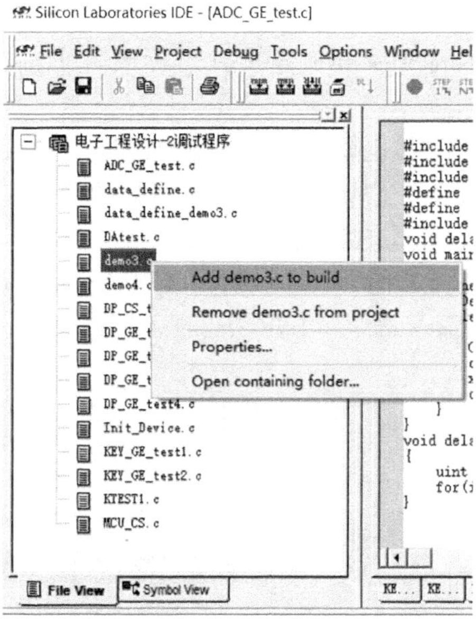

图 1-13　选择需要编译、生成和调试的源程序

（a）不参与编译的源程序图标　　（b）参与编译的源程序图标

图 1-14　不参与/参与编译的源程序图标

当源程序被设置为参与编译文件后，在工具栏中点击 Build（生成）按钮，或使用项目菜单选择 Project→Build/Make Project（生成项目）生成程序代码。要编译所有文件并重建整个项目，单击工具栏上 Rebuild All（全部重建）按钮，或使用项目菜单 Rebuild Project（重建项目）命令。编译和链接完成后，结果将显示在输出窗口的 Build（生成）选项卡中。

如果编译和链接中出现错误，则需要修改源程序重新进行 Build（生成）操作；如果编译和链接正确，则会生成程序代码，接下来就可以将程序代码下载到目标单片机中，准备调试。

在项目菜单选择 Projects→Target Build Configuration 的对话框，如果选择 Enable automatic connect/download after build 选项，在生成程序成功后，Silicon Labs IDE 将自动与目标单片机连接并下载程序到目标硬件，准备调试，如果在生成代码过程中发生错误，则不会下载程序到目标硬件。

1.1.5.4 Silicon Laboratories IDE 与目标硬件连接

在使用 Silicon Laboratories IDE 连接到目标硬件之前，需要完成以下连接操作。

（1）使用 USB 电缆连接电脑和“调试适配器”（U-EC6）。

（2）将“调试适配器”JTAG 电缆连接到目标硬件。

（3）为目标硬件（C8051F023 单片机系统）供电。

（4）从 Silicon Labs IDE 的 Options 菜单中选择 Connection Options...，如图 1-15 所示，查看窗口中是否显示选中“USB Debug Adapter”选项（若软硬件系统正常，则自动选中）。

（5）在“Debug Interface”项目中选中 JTAG 选项，如图 1-15 所示。

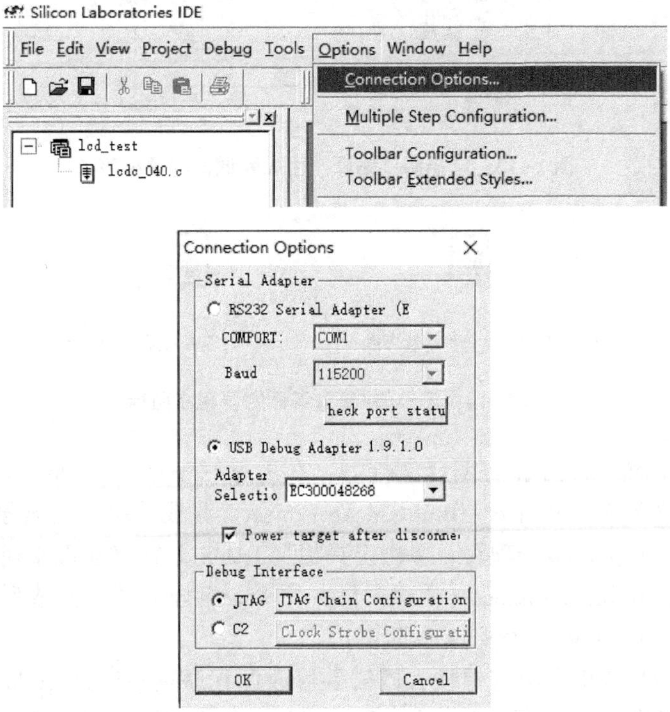

图 1-15 Connection Options 窗口设置

在确认硬件系统连接正确后，即可建立 Silicon Labs IDE 与目标硬件的数据连接。使用 Build（生成）工具栏上的 Connect（连接）按钮或使用 Debug 菜单的 Connect（连接）命令建立数据连接。

若连接建立失败，则 Silicon Labs IDE 软件弹窗报错，用户可根据弹窗信息进行故障排查。若连接正常建立，Silicon Laboratories IDE 将在 Status Bar（状态栏）显示目标设备的单片机类型，以及程序计数器 PC：0000，图 1-16 所示。

图 1-16　状态栏显示信息

调试完成后，可以通过单击 Build（生成）工具栏上的 Disconnect（断开连接）按钮或 Debug（调试菜单）“断开连接”命令断开连接，释放计算机接口资源。

数据连接建立后，可以使用下载按钮 DL↓ 或 Debug（调试菜单）中的 Download（下载）命令将可执行代码下载至单片机的存储器中。需要注意的是，在执行“连接”命令之前，这些命令均处于禁用状态。

如果在调用下载命令时项目或文件处于打开状态，则将下载关联的对象文件；如果没有打开任何项目或文件，将出现一个对话框，用于选择要下载的文件。Silicon Labs IDE 可以下载十六进制或 OMF-51 格式的文件。如果下载的文件是带有调试信息的 OMF-51 文件，Silicon Labs IDE 将尝试打开与该文件关联的所有源文件，并开始源代码级调试，没有调试信息的十六进制文件或 OMF-51 文件不支持此功能。通常这些设置都是默认的，不需要进行配置，直接下载即可。代码下载过程如图 1-17 所示。

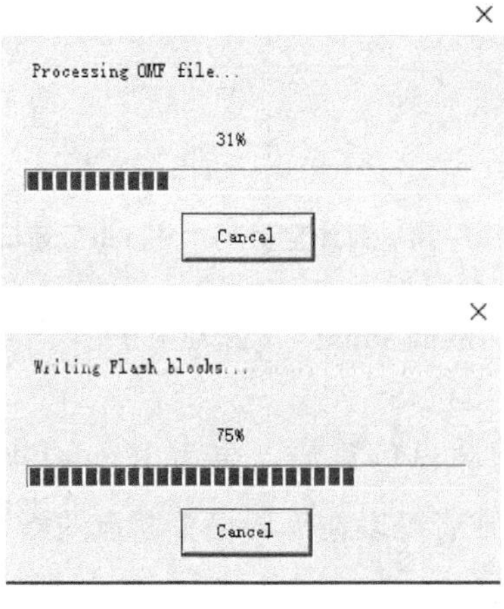

图 1-17　代码下载过程

下载文件后，即可在目标硬件上调试和运行程序。在下载文件之前，所有调试按钮（如 Go、Stop 和 Step）都处于禁用状态。

1.1.5.5 调试器的使用

调试器的功能如下。

（1）“Go” 和 “Stop” 按钮用于启动和停止目标用户代码执行。

（2）“STEP” 按钮，用于单步执行一条指令，包括中断服务例程。

（3）“Multiple Step” 按钮，可通过配置多次执行单步操作的多步指令。

（4）“Step Into” 按钮，可以单步进入函数执行指令。

（5）“Step Over” 按钮，可以将函数作为一条类似指令的方式运行。

（6）“Run to Cursot” 按钮，用于让程序运行至光标处并停止。

（7）“Watch” 窗口用于显示用户在调试时添加的变量状态。先选择要观察的变量，单击鼠标右键弹出对话框，选择变量的数据类型。需要注意的是，添加变量至 “Watch” 窗口的操作，需要在代码下载完成后进行，如图 1-18 所示。

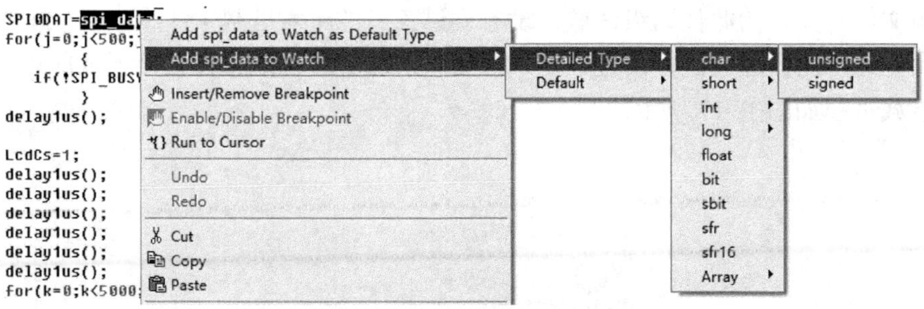

图 1-18 添加变量至 “Watch” 窗口

（8）在程序中插入 “Break Point”（断点）后，当程序运行至 “Break Point” 所在行时，会自动进入停止状态。

将光标定位在所需的断点位置后，单击 Insert/Remove Breakpoint（断点切换）按钮 进行设置，或者可以在需要设置断点的指令处单击鼠标右键进行设置，图 1-19 所示为插入断点。

如果在硬件中成功配置断点，则在该行的空白处将绘制一个断点标记 。

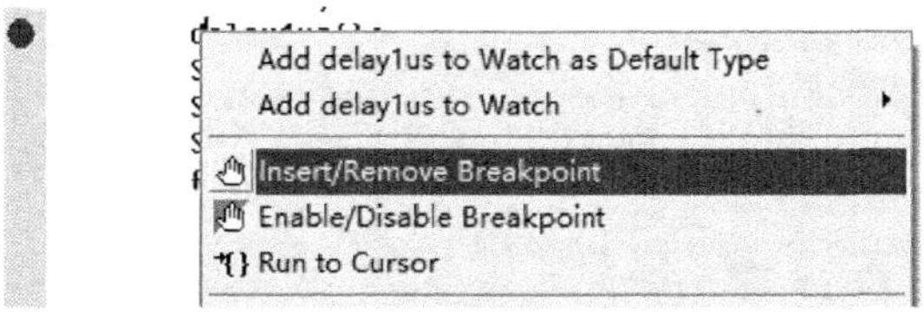

图 1-19　插入断点

在清除断点时，先选择现有断点位置，点击断点切换按钮 ，或单击鼠标右键进行断点 Remove Breakpoints（清除），并删除断点标记。Remove All Breakpoints（删除所有断点）按钮 可用于删除所有现有断点。

Enable/Disable Breakpoint（启用/禁用）切换按钮 ，可以启用/禁用现有断点。通过将光标定位在设置断点的行上并单击，断点标记将变为灰色 。重新启用后，断点标记将变回红色。Enable/Disable All Breakpoints（启用/禁用所有断点）按钮 可用于启用/禁用所有现有断点。

（9）“WatchPoints”（观察点）是条件数据断点。在使用观察点时，Silicon Laboratories IDE 会监视特定的 SFR 或内部 RAM 的值。如果观察点表达式变为 true，Silicon Laboratories IDE 将停止并打开 Internal Watchpoints（内部观察点）对话框。例如，可以将观察点配置为在特定计时器值或 ADC 输入值上断开。“观察点”的应用仅在 JTAG 调试连接的 C8051Fxxx 设备上有效，C2 设备上不提供该功能。

通过从 Debug（调试菜单）中选择 Watchpoints（观察点）或单击工具栏中的“观察点”按钮 ，打开 Internal Watchpoints（内部观察点）对话框。在对话框中，可以设置 4 个单独的 8 位观察点；监视值可以位于内部 RAM 或 SFR 中；可以配置多个观察点，以便在任何观察值满足匹配条件或仅当所有值满足匹配条件时，才会发生暂停；可以指定匹配条件，以便监视的值等于指定的常量或值不等于常量时发生暂停。要使匹配发生，必须在 Internal Watchpoints（内部观察点）对话框中选择 Internal Watchpoints Enabled（启用内部观察点）。Internal Watchpoints 配置对话框如图 1-20 所示。

每个 8 位监视值都有一个关联的掩码，用于指定对监视值中的哪些位进行匹配测试。测试监视值时，使用掩码中设置为逻辑 1 的每个位的位置，忽略设置为逻辑 0 的每个位的位置。

Internal Watchpoints（内部观察点）对话框的功能如下。

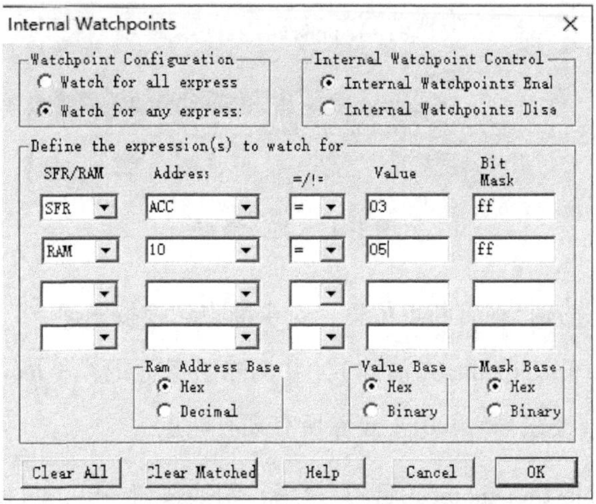

图 1-20 Internal Watchpoints 配置对话框

- 4 个单独的 8 位观察点。
- 监视值可以位于内部 RAM 或 SFR 中。
- 用户可以“监视”相邻位置，允许监视 16 或 32 位值。
- 配置为在任何或所有监视值满足匹配条件时停止程序运行。
- 配置为在监视值等于或不等于指定值时停止程序运行。
- 位屏蔽用于监视特定位。
- 配置为使用十六进制或十进制基数作为 RAM 地址、值和掩码。
- 在暂停时清除所有值或仅匹配值。

需要注意的是，一旦匹配发生，必须清除或更改匹配设置程序才能继续执行。

(10)“Debug Windows”（调试窗口）主要用于检查/修改内部存储器和寄存器的信息。Silicon Laboratories IDE 中还提供了许多调试窗口，用于在程序调试过程中查看和更改硬件内部存储器和寄存器的状态。通过 Debug Windows（调试窗口）中工具栏的按钮 

，可以查看单片机的主要寄存器、内部存储器、程序代码的相关信息；也可以从 View（查看）菜单访问更多种类型的调试窗口信息，如图 1-21 所示。

修改寄存器内容的操作只能在程序处于停止状态时进行，当处理器正在运行用户代码时寄存器无法写入，可以通过单击 Refresh（刷新）按钮将修改后的寄存器数据写入单片机中。

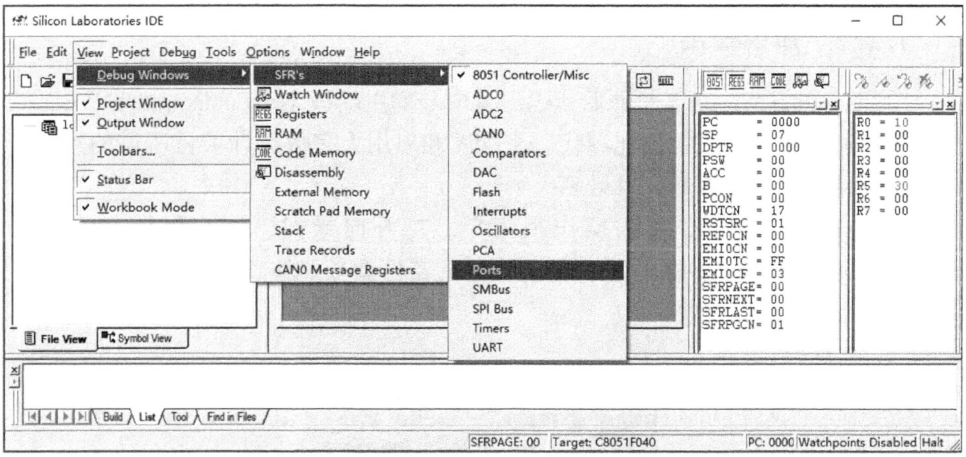

图 1-21　Debug Windows 信息

1.2　C8051F 系列单片机的初始化配置

C8051F 系列单片机在 8051 单片机的基础上增加了大量的外围设备，这些外围设备的启动和使用依赖于单片机内部特殊功能寄存器（SFR）的设置。对于一般开发项目，开发人员需要通过阅读器件手册，找到对应的 SFR，并根据需求进行设置。为了提高开发效率实现单片机资源的快速配置，Silicon Labs 公司为 C8051F 系列单片机专门提供了一款名为 Configuration Wizard 2 的配套软件，用于快速完成外围设备的初始化配置，本节较为细致地介绍了该款软件的使用方法。掌握该软件的使用方法后，读者可快速实现 C8051F 系列单片机的初始化配置，提升项目开发效率。

1.2.1　任务分析

如前所述，C8051Fxxx 系列单片机是完全集成的混合信号系统级芯片，具有与 8051 兼容的微控制器内核，有标准 8052 的数字外设部件。除此之外，片内还集成了数据采集和控制系统中常用的模拟部件和其他数字外设及功能部件。

C8051F 系列单片机功能的增加也使其操作比标准 MCS-51 系列单片机更为复杂，在单片机开始工作之前需要进行较多的初始化操作，其中最有代表性的是标准 I/O 端口第二功能的分配。标准 MCS-51 单片机只有 P3 口具有第二功能，而且引脚分配是固定的。C8051F 系列单片机采用交叉开关将其诸多功能的输入或输出引脚在 I/O 端口上进行浮动分配，所有 I/O 口线都具有第二功能。

1.2.2 知识链接

Configuration Wizard 2 是原始代码配置向导的更新版本。Configuration Wizard 2 应用程序通过自动生成初始化源代码来配置和启用大多数设计项目所需的片上资源，从而帮助使用者提升开发效率。

Configuration Wizard 2 的操作很简单。打开向导时，用户可以从支持的 Silicon Labs MCU 设备列表中选择需要设置的器件型号，如图 1-22 所示。

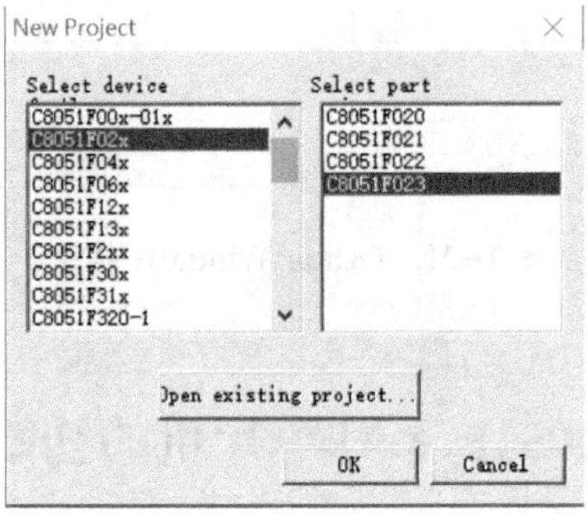

图 1-22　Configuration Wizard 2 中的器件型号选择

用户可以选择使用 C 语言模板或汇编语言模板配置设备，如图 1-23 所示。

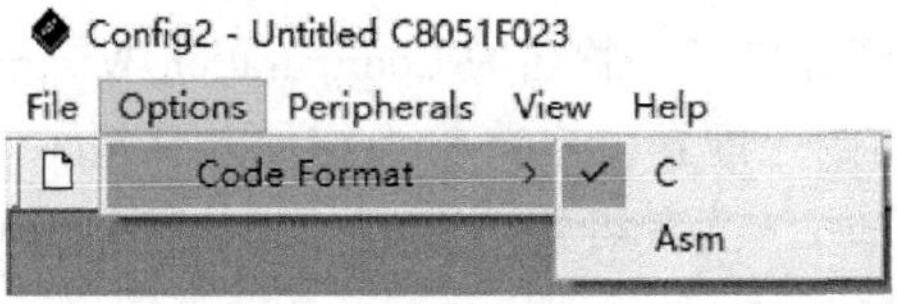

图 1-23　Configuration Wizard 2 中的编程语言选择

Config 2 提供了一个 File（文件）菜单选项，用于保存向导生成的配置源代码，配置源代码保存为文件后，可以直接在 IDE 项目中使用，File（文件）菜单如图 1-24 所示。

主窗口自动生成的配置代码模板文件，用于保存之后生成的配置程序代码。该文件包含一个空白函数（Init_ Device），此函数须在用户开发程序中调用，以确保配置内容生效。生成的代码以彩色编码的格式进行完整的注释和查看，以使代码易于理解和修改。代码模板如图 1-25 所示。

当对外围设备的功能重新进行配置后，模板文件中的代码将根据配置操作自动同步，生成可用于项目开发的配置代码。

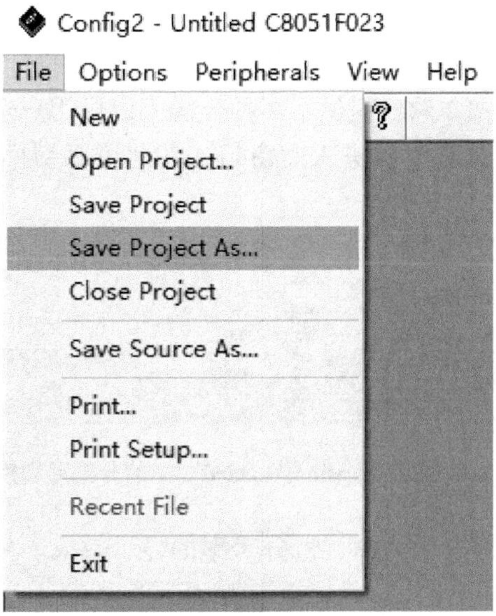

图 1-24　Configuration Wizard 2 中的 File（文件）菜单

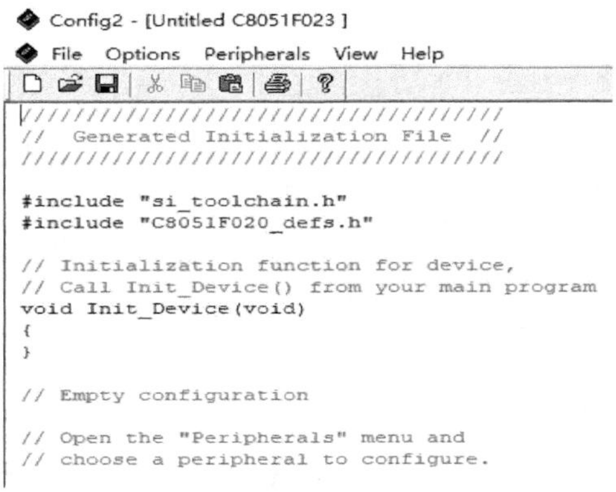

图 1-25　Configuration Wizard 2 中自动生成的代码模板

1.2.3　任务实施

1.2.3.1　创建新项目

通过从 File（文件）菜单中的 New（新建）进入“New Project”窗口。

根据所使用的芯片，选择型号，并选择好编程（C 或 Asm）语言后，完成了项目的新建工作。

1.2.3.2 更改分辨率

由于需要配置的端口较多，为了能清晰显示设备的I/O端口和各种功能定义，Configuration Wizard 2 软件提供了2种分辨率以供用户选择。从View（查看）菜单中的Resolution（分辨率）进入此窗口，在此可以切换为低分辨率或高分辨率，如图1-26所示。

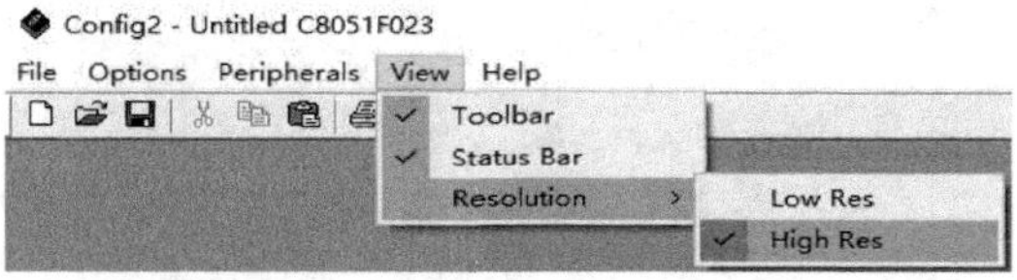

图1-26　Configuration Wizard 2 中的分辨率切换菜单

图1-27和图1-28所示为高、低分辨率的显示效果。

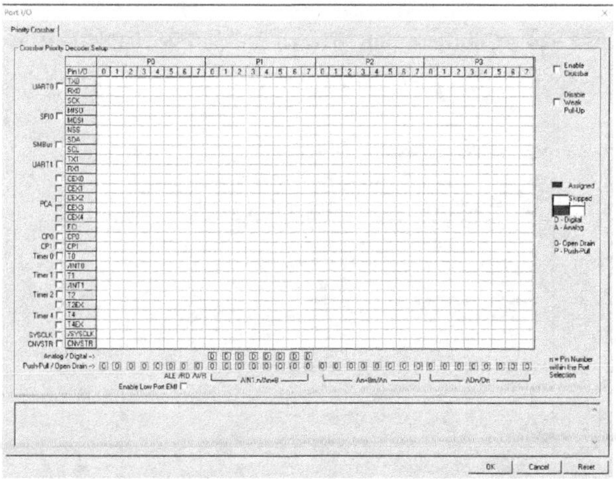

图1-27　Configuration Wizard 2 中的高分辨率显示效果

1.2.3.3 配置外设

在编辑外设时，转到Peripherals（外设）菜单项，下拉显示可配置的所有外设的列表，如图1-29所示。

当从菜单中选择某一类型Peripherals（外设）时，它将显示一个针对该外设的配置对话框，允许用户通过图形化的方式设置该外设的工作方式。UARTs（异步串行通信）配置对话框的示例如图1-30所示。

外围设备的设置主要通过复选框和输入文本来更改。当对话框中的设置发生

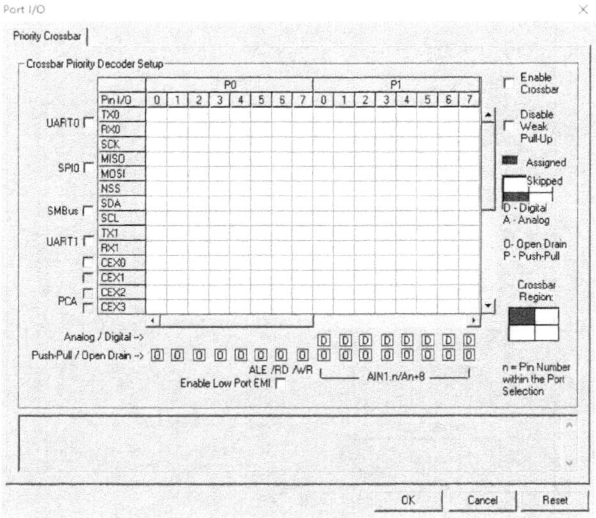

图 1-28　Configuration Wizard 2 中的低分辨率显示效果

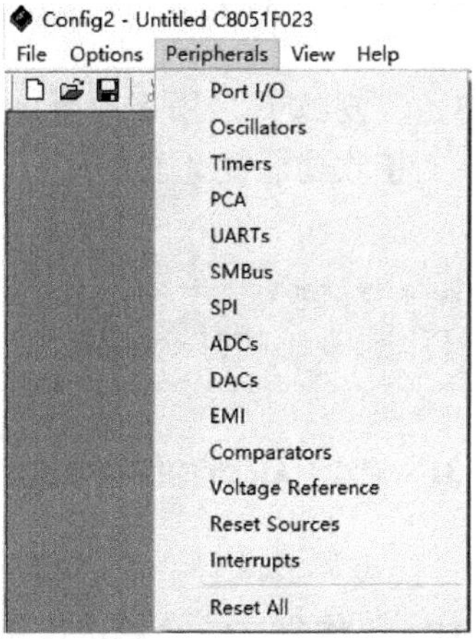

图 1-29　Configuration Wizard 2 中的外设配置菜单

更改时，当前外围设备配置代码将显示在对话框底部。如果对话框底部没有代码，则表示外围设备当前处于默认状态。

编辑完成后单击对话框上的“OK”键，对话框关闭，并将更新主窗口中的模板文件的源代码。若编辑完成后单击对话框上的“Cancel”键，则不会保存任何内容，并且项目将保持与打开对话框之前相同的状态。

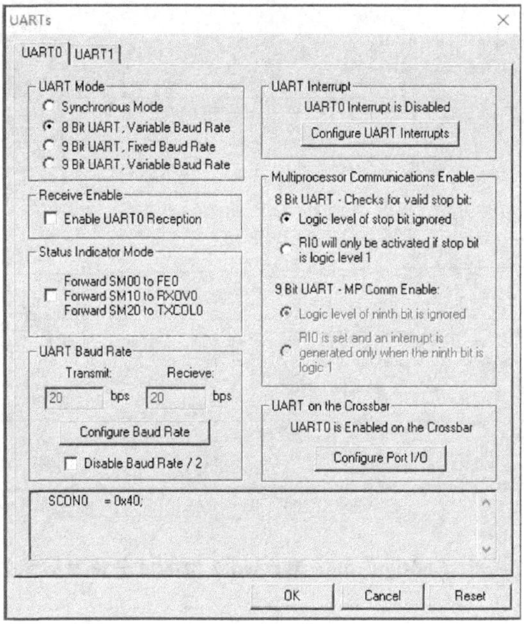

图 1-30 UARTs 配置对话框

在对话框的各个部分中，“复选框”用于打开或关闭外围设备某些功能设置，图 1-31 为使能 UART0 的接收功能复选框。

图 1-31 使能 UART0 的接收功能复选框

“单选按钮”是成套的，代表一组设置。单选按钮每次只允许从组中进行一次选择，图 1-32 为选择 UART 工作方式的“单选按钮”。

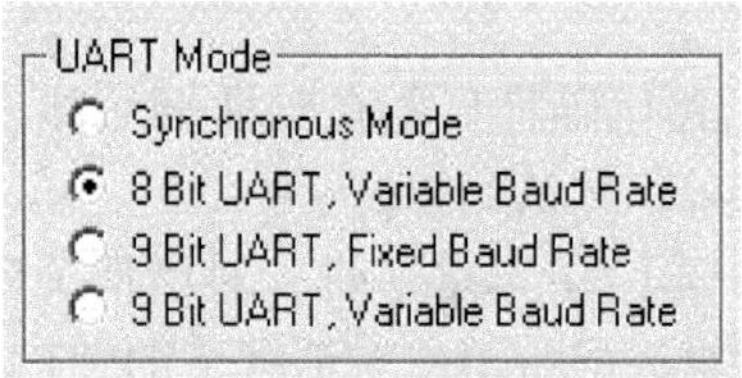

图 1-32 选择 UART 工作方式的“单选按钮”

“文本框”可以用于直接输入参数值，图 1-33 为 UART 计时器初值设置文本框。

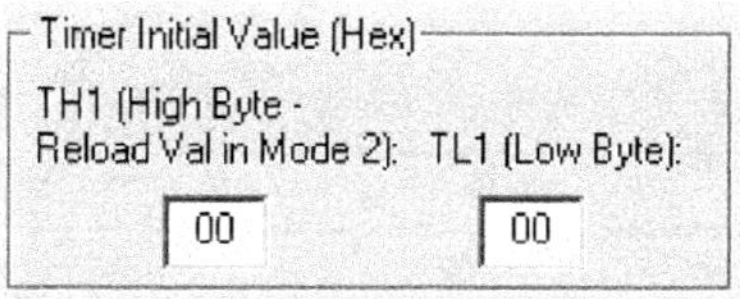

图 1-33　UART 计时器初值设置文本框

图 1-34 为设置波特率对话框。

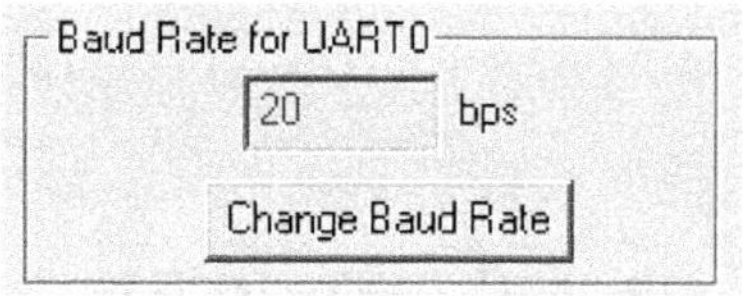

图 1-34　设置波特率对话框

单击 Change Baud Rate（更改波特率）按钮将显示波特率计算窗口（见图 1-35）。

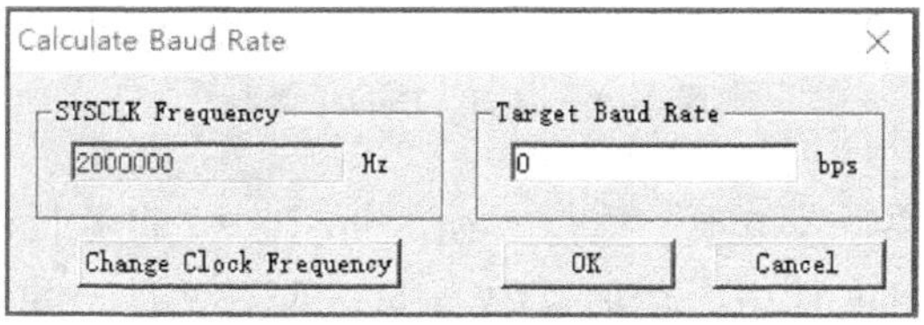

图 1-35　波特率计算窗口

“外围设备设置源代码窗口”位于对话框底部，在修改外设设置后，与新配置对应的源代码将出现在该窗口内，如图 1-36 所示。

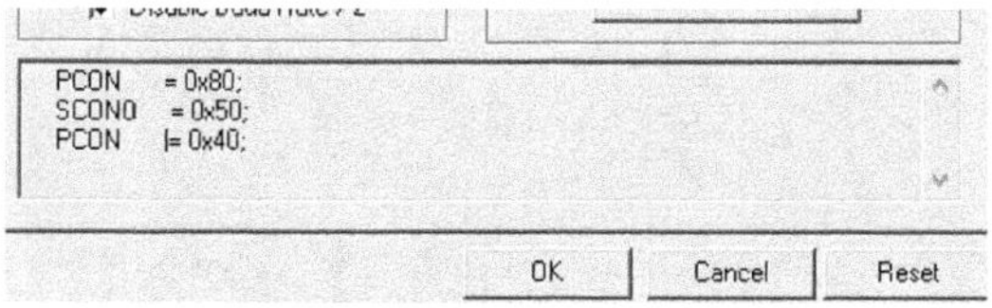

图 1-36　外围设备设置源代码窗口

点击“OK”关闭对话框后，可以看到，配置源文件模板中增加了 UART_ Init 函数，如图 1-37 所示，且函数内容与之前的配置一致。同时，Init_ Device 函数中也增加了对于 UART_ Init 函数调用的语句，如图 1-38 所示。

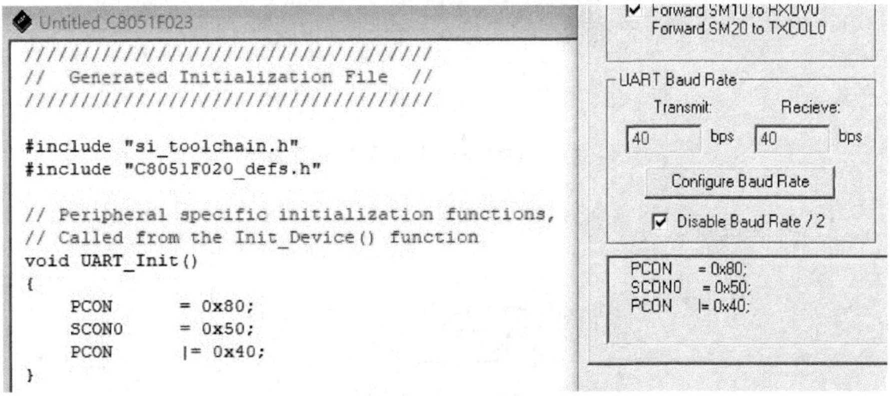

图 1-37　UART_ Init 函数

```
// Initialization function for device,
// Call Init_Device() from your main program
void Init_Device(void)
{
    UART_Init();
    Port_IO_Init();
}
```

图 1-38　Init_ Device 函数

单击 File（文件）菜单项，执行 Save Source As（将源代码另存为）将当前的配置源代码保存到文件中。在项目中 include 配置文件，并调用 Init_Device 函数，用户即可实现对于外设的配置任务（图 1-39）。

```
//================================包函文件
#include "C8051F020.h"
#include "data_define.c"
#include "Init_Device.c"

//================================主函数
void main(void)
{
        uchar i;

        Init_Device();
        while(1)
        {
                i++;
        }
}
```

图 1-39　用户代码中实现外设配置

1.2.4　C8051F023 单片机端口 P0～P3 和优先权交叉开关译码器

C8051F023 MCU 按照 8 位端口组织形式提供了 32 个数字 I/O 引脚，分别为 P0、P1、P2 和 P3，可以按位寻址或按字节寻址的方式进行操作。所有引脚都可接收 5V 信号的输入，输入方式可以被配置为漏极开路或推挽输出方式（见图 1-40）。缺省默认状态为漏极开路方式。

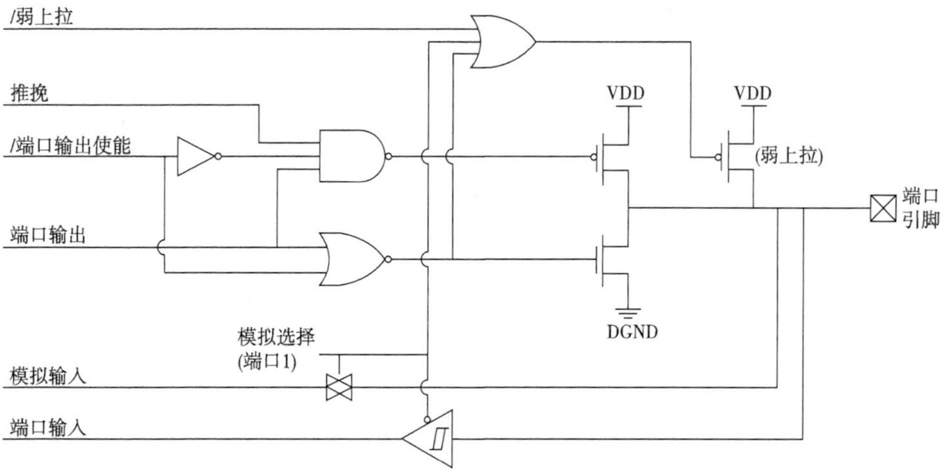

图 1-40　端口 I/O 单元的原理框图

在推挽输出工作方式下，向端口数据寄存器中的相应位写入逻辑“0”将使端口引脚被驱动到 GND，写入逻辑“1”将使端口引脚被驱动到 VDD。在漏极开路工作方式下，向端口数据寄存器中的相应位中写入逻辑“0”将使端口引脚被驱动到 GND，写入逻辑“1”将使端口引脚处于高阻状态。端口 P0～P3 引脚的输出方式由 PnMDOUT 寄存器中的对应位决定。

“交叉开关”是 C8051F 系列单片机的一种较为独特的设计（图 1-41）。C8051F023 MCU 通过优先权交叉开关译码器（或称为“交叉开关”），按优先权顺序将端口 P0～P3 的引脚分配给器件上的数字外设（UART、SMBus、PCA、定时器等）。

端口引脚的分配顺序是从 P0.0 开始的，可以一直分配到 P3.7。为数字外设分配端口引脚的优先权顺序列如图 1-41 所示，UART0 具有最高优先权，而 CNVSTR 具有最低优先权。若使能某一外设，其对应 I/O 口将按照端口引脚的分配顺序自动分配。

端口 P0～P3 中所有未被交叉开关分配的引脚都可以作为通用 I/O（GPIO）

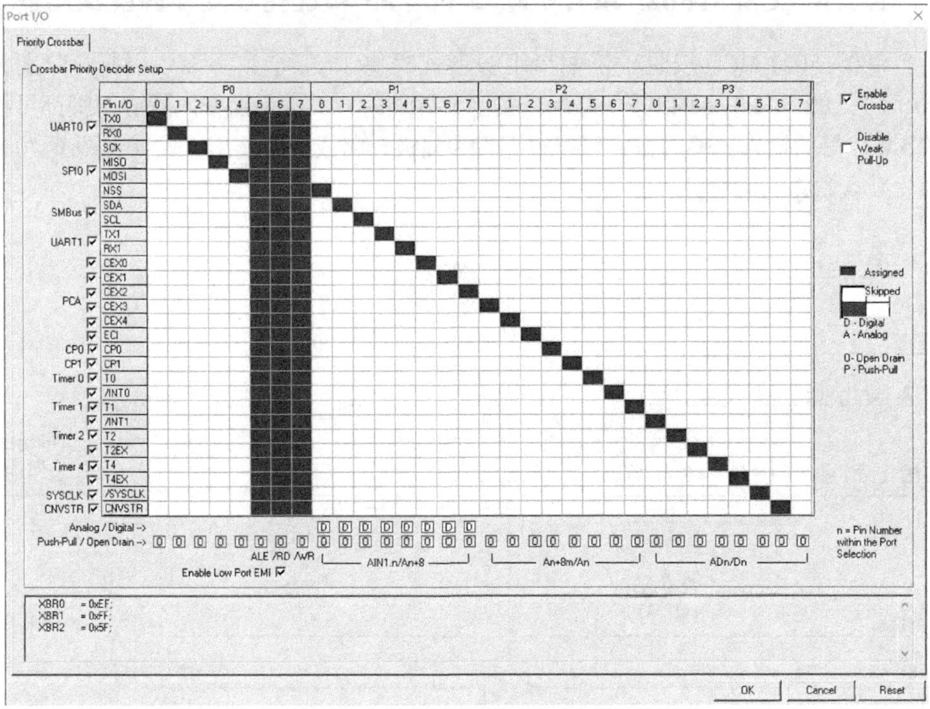

图 1-41　优先权交叉开关译码器

引脚使用，通过读或写相应的端口数据寄存器控制，既可以按位寻址又可以按字节寻址。

由于 C8051F023 MCU 遵循 MCS-51 架构，当 C8051F023 MCU 进行外部数据存储器扩展时，总线工作于数据/地址复用方式，所以在对外部存储器接口（External Memory Interface，EMI）引脚分配时，配置图中的 Enable Low Port EMI 选项要选择为有效，以使交叉开关不将 P0.7（/WR）、P0.6（/RD）和 P0.5（/ALE）分配给其他外设。

以上的相关设置都可以在图 1-41 的配置窗口中实现，配置完成后，会在窗口下面自动生成对应寄存器的配置源代码。

至此，Configuration Wizard 2 软件的基本使用方法已经介绍完毕，读者可根据项目需求实现定制化的初始化配置。但需要说明的是，器件手册是对元器件（包括特殊功能寄存器）最为详细、准确的描述，虽然 Configuration Wizards 2 软件提供了可视化的便捷配置手段，可帮助开发者对部分寄存器实现设置，但不能因此而忽略阅读器件手册。

练习题

1. 嵌入式系统与通用计算机系统相比具有哪些特点?

2. 嵌入式处理器的主要应用场景有哪些?

3. Silicon Labs 公司的 C8051F02x 系列单片机中包含哪些具体型号? 各型号芯片在硬件资源上主要有哪些区别?

4. JTAG 接口的主要作用是什么? 它一般由几根信号线组成?

5. 使用 Silicon Laboratories 公司提供的官方 IDE 完成项目开发，大致包含哪些步骤?

6. Configuration Wizard 2 工具软件的主要作用是什么?

7. 使用 Configuration Wizard 2 完成针对单片机的初始化配置后，是否能够生成可直接用于程序开发的代码?

8. 在 C8051F023 芯片中，是否可以将 UART0 接口的 TX0、RX0 功能引脚配置到除 P0.0、P0.1 以外的其他端口上?

9. 漏极开路方式和推挽工作方式有什么区别? C8051F023 芯片是否允许用户根据需求将 I/O 引脚配置为漏极开路方式或推挽工作方式?

2 温度控制系统的设计

第 1 章虽然对 Silicon Labs 单片机的基本功能和开发方式进行了较为详细的介绍，但是，如果想要对于一款芯片的应用达到得心应手的程度，仅仅通过书本学习是不够的。工程师会通过参与不同的开发项目，逐步积累经验，这种经验的积累不仅仅是针对某款芯片的应用，更是面向工程实践能力的提升。

本书以多个 C8051F02x 为控制核心的项目为背景，向读者介绍该类单片机的使用方法，使读者在熟悉单片机应用的同时逐步积累项目开发经验和培养工程设计思想。

本章选择“小型温度控制系统”作为开发项目，为读者展示一个小型系统的开发过程。

本项目以 C8051F02x 为主控单元，在完成单片机相关设计的基础上，还需要完成与系统实现相关的信号转换、信号处理、数据采集、数据处理、人机交互、控制算法等多个功能部件的设计、实现工作，这使得本项目几乎覆盖一般电子系统所涉及的大部分技术环节。

本项目在设计过程中会使用到传感器技术、非电测量技术、模拟电子技术、数字电子技术、计算机计算、接口技术、程序设计、自动控制技术等方面的知识，涵盖知识面较为广泛，因此需要读者具备相关领域的基础知识。

本项目虽然以 C8051F02x 为核心开展设计工作，但所涉及知识内容广泛，包含但不限于单片机相关知识，读者可将此项目当作一个完整的工程设计实例来学习。

2.1 任务分析及方案设计

在实施“温度控制系统”设计工作之前，应明确系统的基本功能、指标要求，采用的元器件要求，以及结构安装要求等。本项目以工程设计培训为目的，功能、指标和采用元器件等方面的设计要求如下。

温度控制范围：0～100℃。

测温元件：半导体温度传感器 AD592。

温度控制执行元件：半导体制冷片。

核心控制部件：C8051F 系列单片机。

图 2-1 为温度控制系统结构，图 2-2 为温度控制系统方案。

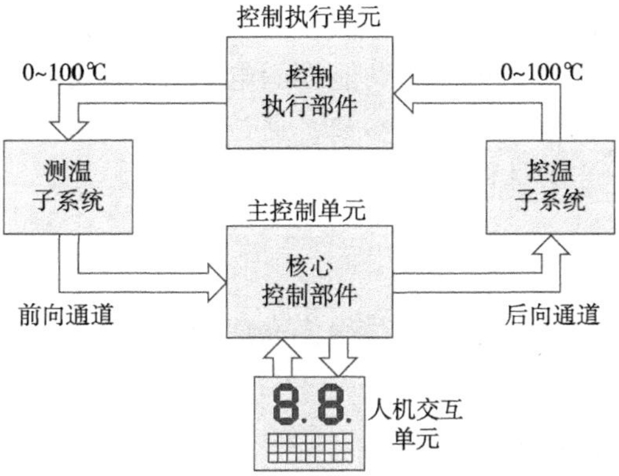

图 2-1　温度控制系统结构

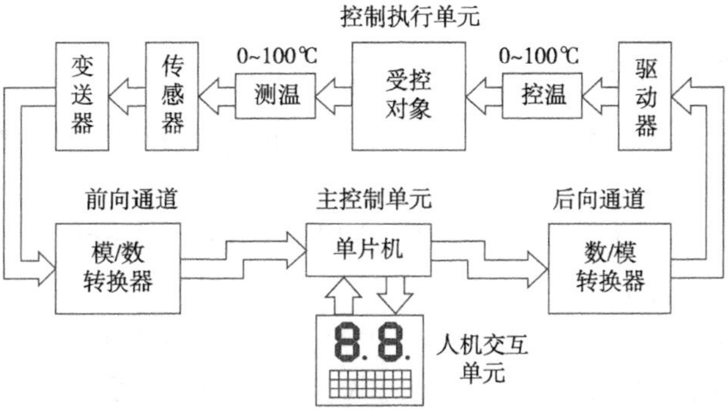

图 2-2　温度控制系统方案

2.1.1　控制执行单元

通过改变半导体制冷片电压的极性实现制冷/制热转换；通过改变半导体制冷片的控制电压（需有 4 A 以上的电流驱动能力）改变制冷或制热功率。

2.1.2　前向通道

前向通道包括热力学温度到电信号的转换部件（温度传感器）、测温信号的处理电路（变送器或信号调理器），以及模拟信号到数字信号转换电路（数据采集单元）。该通道主要完成温度测量工作，获取的温度数据经数据处理单元分析计算后，转换为显示数据并通过人机交互单元输出显示。

2.1.3 后向通道

后向通道包括控制数据（数字量）到控制信号（模拟量）的转换电路（控制信号产生单元）以及提供电流驱动能力的电路（控制驱动单元）。数据处理单元以测量温度和设定温度作为基本参数，通过某种控制算法得到温度控制数据，通过后向通道实施对半导体制冷片的温度控制。

2.1.4 主控制单元

以单片机为核心部件，通过编写程序完成数据采集、数据处理、温度控制、人机信息交互管理等工作。

2.1.5 人机交互单元

通过按键进行功能设定和数据输入，通过 LED 显示屏进行系统运行状态、运行结果等信息的显示输出。

2.1.6 电源模块

电源部分未在图 2-2 中标出，但作为系统的能量来源，是电子系统必不可少的组成部分。

如图 2-2 所示，将整体温度控制系统划分为多个功能性模块，每个模块完成整体系统中某一项特定任务。

本项目设计、开发过程将按照信号的流向，以模块为单位分别完成项目的设计和实现。将一个功能复杂的系统划分为多个功能相对简单且独立运行的子模块，便于初学者开展设计和调试工作。

2.2 模块设计

如图 2-2 所示，温度控制系统由多个子模块组成，每个模块完成特定工作，并与上下游模块衔接协同工作。开发工作也以模块为单位，逐一完成设计和调试的工作，最终组合各模块形成完整系统。

温度控制系统中共包含 7 个模块，分别为电源模块、变送器模块、驱动器模块、单片机模块、模/数转换模块、人机交互模块和数/模转换模块。以下针对每个模块的设计、实现及调试逐一展开讨论。

2.2.1 电源模块

供电电源是每个电子系统的基础，是电子设备稳定工作的前提条件。在开发过程中，稳定的电源供电是后续电路设计、调试工作开展的必要条件，因此，本项目将首先完成电源模块的设计和实现。

2.2.1.1 设计要求

温度控制系统电路包含数字部分和模拟部分。数字部分采用 TTL 电平逻辑，需要 5 V 直流电源供电；模拟部分需要有相关放大电路和驱动电路，需要使用 ±12 V 直流电源供电。

设计过程中，可以使用变压器先将 220 V 交流电源转化为低压交流电源，再进行整流滤波等设计。为了简化读者的设计工作，我们假设已将 220 V 交流电源转化为三路低压交流电源，其中一路为 9 V 交流电源，另外两路为 14 V 交流电源。因此，电源模块的设计要求如下。

（1）交流输入：电源~9 V、~14 V×2。

（2）直流输出：+5 V/1A、±12 V/0.5A。

2.2.1.2 方案选择

一般情况下，电源部分的电路设计方案可分为线性稳压电路和开关稳压电路。

线性稳压电源利用晶体管进行电源调整，动态响应好，纹波、噪声小；但由于电压调整晶体管工作在放大区，会造成器件功耗较大且发热量较大，效率低。因此线性稳压电源适用于低压差、小功率的工作场景。

开关稳压电源通过切换晶体管的开、关进行电源调整，晶体管工作在开关状态，因此具有功耗和发热量小等优点，效率较高；但开关稳压电源存在纹波、噪声较大，动态响应差，外围元件较多等缺点。

（1）集成线性稳压电路设计的电源电路方案如图 2-3 所示。

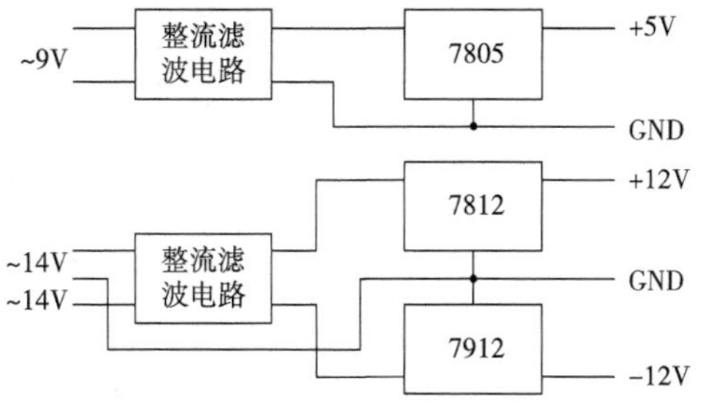

图 2-3 集成线性稳压电路设计的电源电路方案

（2）集成开关稳压电路设计的电源电路方案如图 2-4 所示。

从本项目的任务特点可知，各个电路模块要求的供电压较低，输出功率较小，因此，从便于实现的角度考虑，应选择集成线性稳压电路的实现方案，或选择集成线性稳压电路与开关稳压电路相结合的电路方案。

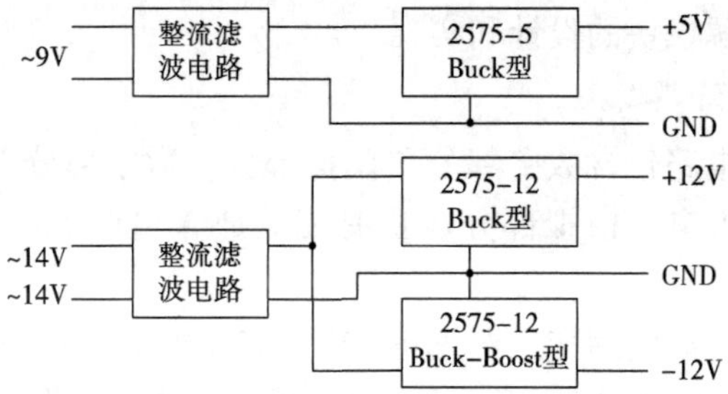

图 2-4 集成开关稳压电路设计的电源电路方案

2.2.1.3 推荐设计

（1）全部采用集成线性稳压器设计的直流稳压电源电路如图 2-5 所示。

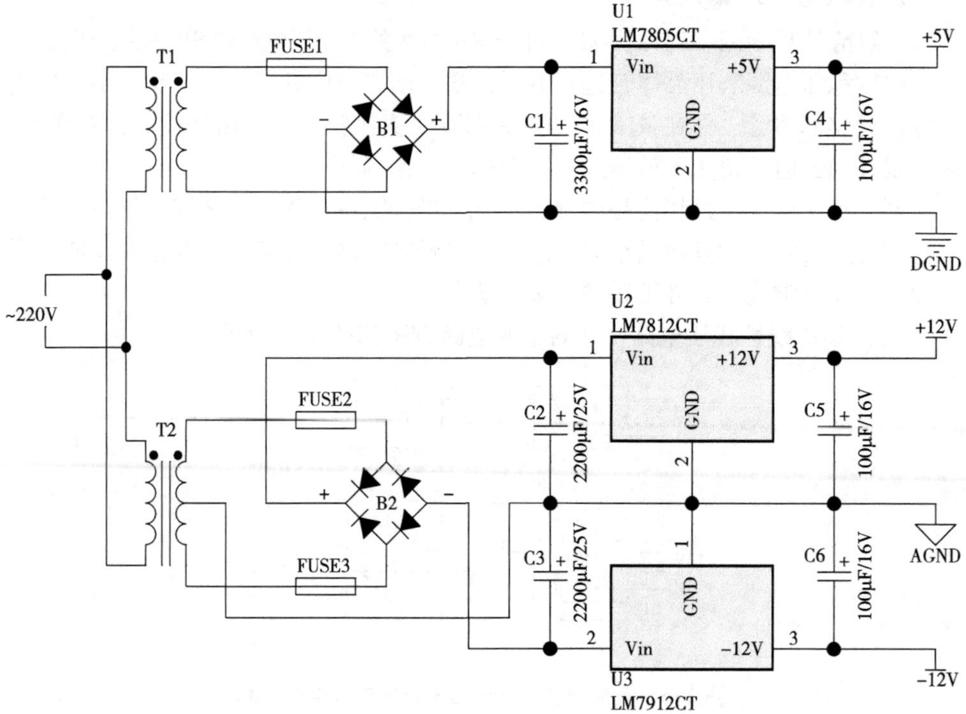

图 2-5 全部采用集成线性稳压器设计的直流稳压电源电路

（2）采用集成线性稳压器和 DC-DC 开关稳压器设计的直流稳压电源电路如图 2-6 所示。

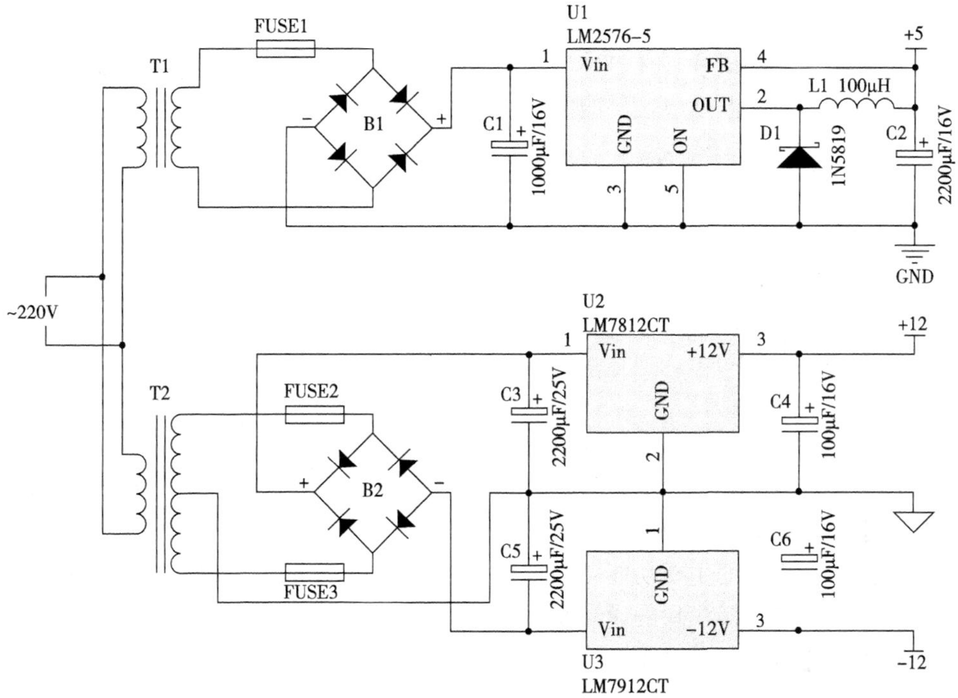

图 2-6　采用集成线性稳压器和 DC-DC 开关稳压器设计的直流稳压电源电路

2.2.2　变送器模块

传感器是一种检测装置，是电子系统的重要组成部分。它能够检测被测对象的物理信息，并将这种信息按一定规律变换成为电信号，以满足电子系统传输、处理、存储、显示、记录和控制等要求。简单地说，传感器就是将非电量的物理量转化为电量的装置。

将传感器输出电信号进行处理的电路叫作信号调理电路。由于电子系统中主要的信号形式是电压，所以变送器的主要功能就是进行信号变换，包括信号形式的变换和信号幅度的调整，最终将传感器输出的不同形式的弱电信号转换为后续电路能够处理的标准电压信号。某些场合下，也会转换为 4~20mA 等标准电流信号。

本项目中使用传感器实现温度的检测。常用的温度检测传感器有热电阻、热敏电阻、热电偶以及集成电路传感器（AD592、DS18B20）等。综合考虑传感器特性及使用方法，本项目使用 AD592 作为传感器来测量目标的温度。

本项目中变送器模块的主要功能是将温度传感器 AD592 在 0~100℃ 范围内输出的 273~373μA 电流转化为 0~5V 电压信号，以便在下级电路中完成从模拟量到数字量的转换。

2.2.2.1 设计要求

AD592是亚德诺半导体技术有限公司的一款电流输出式模拟集成温度传感器，可输出与绝对温度成比例的电流。其技术参数如下。

供电：4~30 V。

测温范围：25~105℃。

0℃输出电流：273 μA。

温度系数：1 μA/℃。

非线性误差：0.1~0.5℃。

重复误差：±0.1℃。

时飘：±0.1℃/月。

小型“温度控制系统”要求实现0~100℃范围内的温度控制，所以温度测量的范围即为0~100℃。根据AD592传感器的输出特性可知：在0~100℃范围内，其输出电流范围为273~373 μA。

因此，变送器的主要功能可归纳为将273~373 μA的电流输入转换为0~5 V的电压输出。变送器模块的设计要求如下。

（1）测量温度：0~100℃。

（2）输入电流：273~373 μA。

（3）输出电压：0~5 V。

（4）测量误差：满刻度1%（0.05 V或1℃）。

（5）限制条件：-0.3 V<输出电压<5.3 V。

其中，限制条件所描述的“-0.3 V<输出电压<5.3 V”是对于输出电压“钳位”的设计，目的在于保护后级电路。

2.2.2.2 方案选择

根据设计要求，被测目标温度在0~100℃范围内，变送器的功能则是将AD592的输出电流（273~372 μA）变换为0~5 V的输出电压，将电压信号送至后级模/数转换电路（ADC0804）。图2-7为AD592输出特性和变送器输出特性。

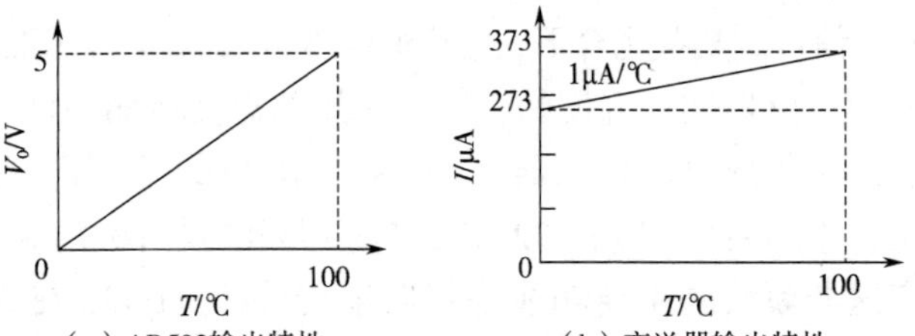

（a）AD592输出特性　（b）变送器输出特性

图2-7　AD592输出特性和变送器输出特性

要想实现从电流到电压的变化，可以首先考虑使用采样电阻将电流变换为电压，再使用放大电路，将电压调整至输出要求的范围。在项目中，电流范围为273~373 μA，单纯依靠采样电阻和放大电路无法将输出电压调整至过零点的输出电压（0~5 V），因此，需要增加补偿或平移电路，使输出满足设计要求。

在此，提出三种设计思路方案以供读者选择。

方案一： 恒流补偿设计方案。此方案中，需要设计输出为273 μA的恒流源对AD592的输出电流进行补偿，通过该恒流源将273~373 μA的输出电流调整为0~100 μA，再进行采样和电压变换等操作，以达到输出电压为0~5 V的设计要求。图2-8为恒流补偿设计方案。

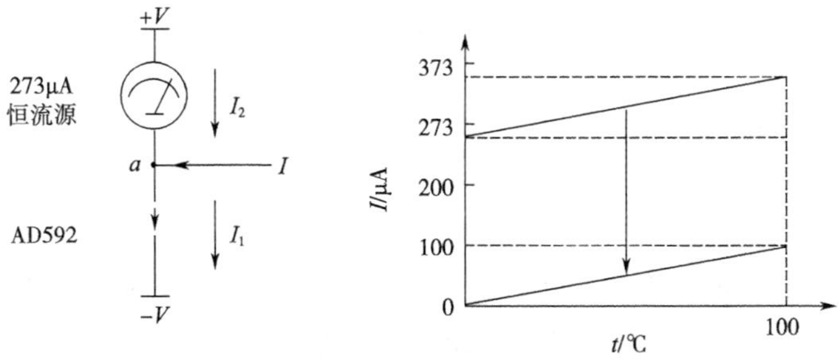

图2-8　恒流补偿设计方案

图2-8中，I_1为AD592输出电流，变换范围为273~373 μA；I_2为恒流源输出，数值为273 μA。根据基尔霍夫定律，在电路中“a”点可得电流$I=I_1-I_2$，则I的变化范围为0~100 μA。接下来，通过对电流I进行采样并放大，则可方便地得到0~5 V的输出电压。

方案二： 恒压补偿设计方案。此方案中，首先使用1 kΩ的采样电阻对AD592输出电流（273~373 μA）进行采样，得到0.273~0.373 V范围内的输出电压，再使用设计输出为0.273 V的恒压源对输出电压进行补偿，从而将输出电压调整为0~0.1 V。后级电路增加简单的电压放大电路即可获得设计要求的0~5 V的输出电压。图2-9为恒压补偿设计方案。

图2-9中V_r为采样电阻电压，电阻阻值为1 kΩ，AD592输出电流（273~373 μA）在V_r上的压降范围为0.273~0.373 V；V_s为恒压源，设计输出为0.273 V；根据叠加定理，V_i的输出电压范围则为0~0.1 V。

方案三： 电压平移设计方案。此方案中，采用放大器加法运算电路实现输出电压的平移调整。首先对电流输出进行采样，获得电压输出，然后使用放大器加法运算电路，将输出电压平移为过零点输出，并配合适当的放大环节，实现输出

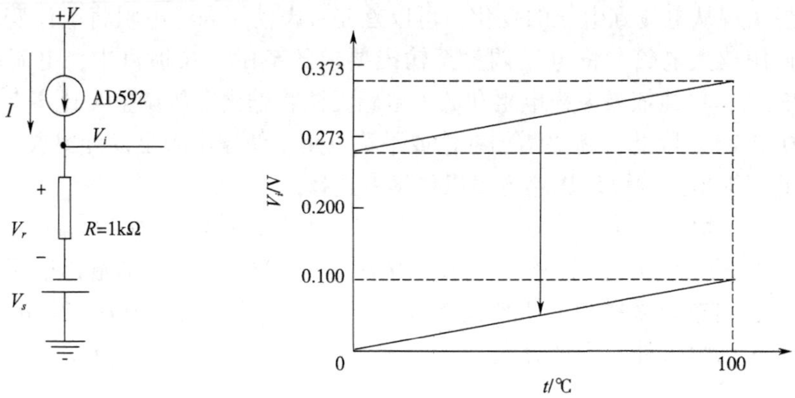

图 2-9　恒压补偿设计方案

电压为 0~5 V 的设计要求。

图 2-10 中 V_i 为 273~373 μA 电流经过 1 kΩ 电阻采样获得的 0. 273~0. 373 V 电压；设计 R_1 与 R_f 的比值，并设置放大倍数为 50 倍，则输入电压会被变换至 13. 65~18. 65 V；此时，合理设计加法电路的另一加法项输入 V_s 以及电阻 R_2，则可将加法器输出电压平移至 0~5 V 的设计要求范围内。

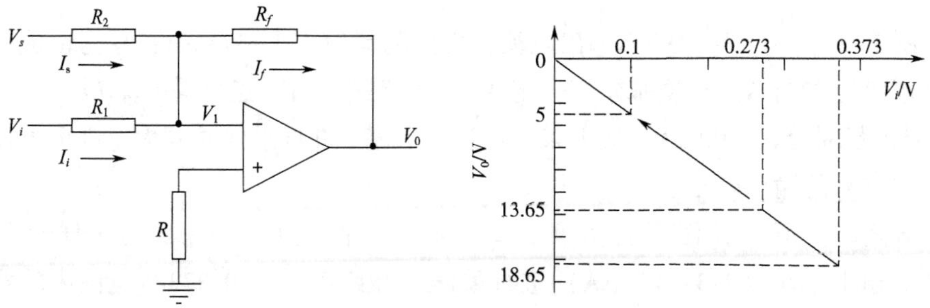

图 2-10　电压平移设计方案

2. 2. 2. 3　推荐设计

图 2-11 为电流补偿设计方案的一种电路实现形式，图中 D1、VR1、R2 等器件构成恒流源，通过调整 VR1 阻值，可产生较为稳定的 273 μA 恒流输出；反向比例放大器完成电流到电压的变换，使电压的比例放大；D2、D3 构成输出端的电压钳位电路，保证输出电压不会超过-0. 3 V~5. 3 V 的设计要求，保护后级电路。

在调试、使用过程中，还需要在应用环境下进行标定操作，即反复调整 AD592 输入电流，通过调整 VR1 和 VR2 的阻值，使得 AD592 输出 273 μA（0℃）

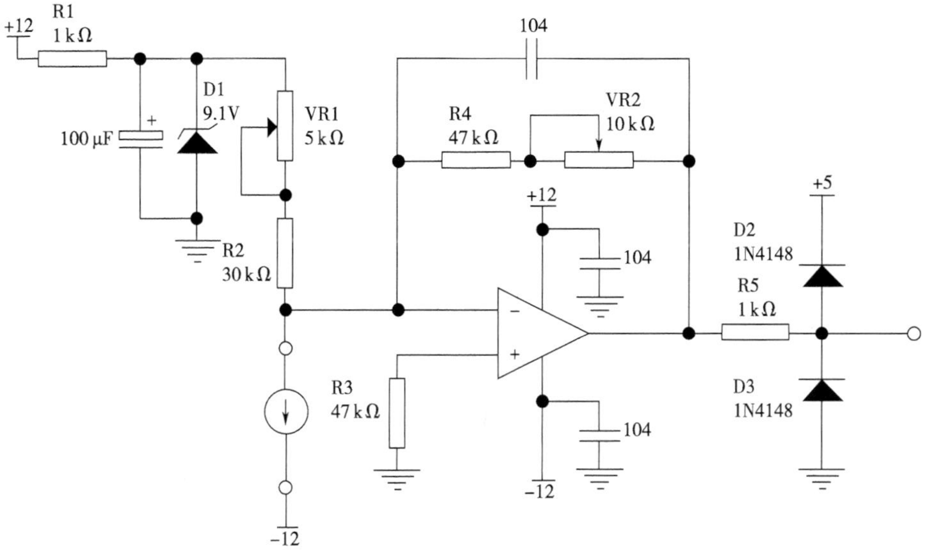

图 2-11　恒流补偿设计方案电路

电流时输出电压最大限度地接近 0 V，AD592 输出 373 μA（100℃）电流时输出电压最大限度地接近 5 V。

图 2-12 和图 2-13 为恒压补偿设计方案和电压平移设计方案的电路设计参考，读者可根据设计方案自行分析电路工作原理，在这里不做过多介绍。

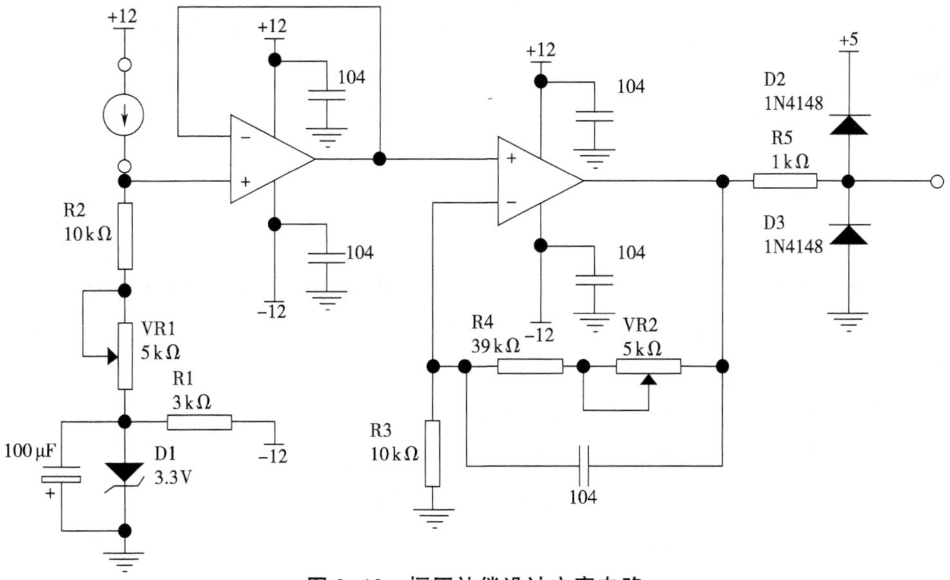

图 2-12　恒压补偿设计方案电路

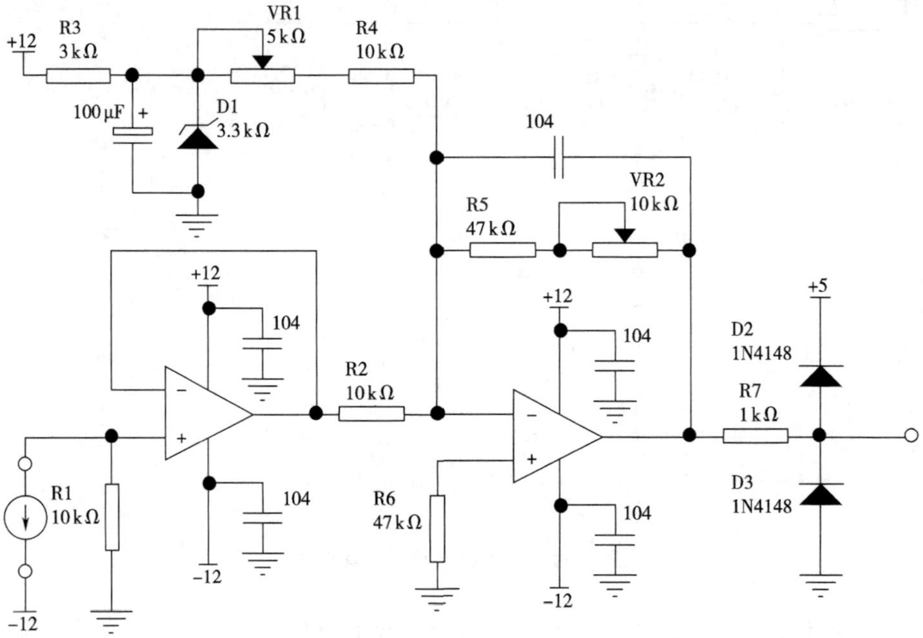

图 2-13　电压平移设计方案电路

2.2.3　驱动器模块

驱动器一般是指驱动某类设备的硬件装置。在本项目所设计的温度控制系统中，驱动器是指带有功率放大能力，可根据控制信号驱动加热元件的电路模块。

2.2.3.1　设计要求

小型“温度控制系统”选用的执行装置（负责调整温度的器件）为半导体制冷片。

半导体制冷片是一个可以实现热传递的器件，将一块 N 型半导体材料和一块 P 型半导体材料连接成热电偶对，在为其注入电流时，两端之间会产生热量转移，热量会从一端转移到另一端，从而产生温差，形成冷、热端，如果改变电流方向，则冷热端互换。

通常信号或数据处理电路具备输出控制信号的能力，但是此种控制信号受到输出功率的限制，无法直接驱动执行部件正常工作，必须将控制信号转化为带有功率输出能力的“驱动信号”，才能够满足控制执行部件的需要。

以半导体制冷片为温度控制执行部件的温度控制系统，需要连续变化的电功率驱动半导体制冷片实现制冷和制热功能。本项目中，单片机通过对测量温度数据和设置温度数据进行运算，生成温度控制指令和控制数据，数/模转换装置将控制数据变换为电压信号输出。虽然数/模转换电路可以将数字量形式的温度控制数据转换为连续变化的模拟电压，但其电流驱动能力十分微弱，导致输出功率有限，必须通过电流放大电路提升控制信号的电流驱动能力，才能有足够的功率驱动半导体制冷片工作。

驱动器模块的设计要求如下。

（1）输入电压：-10 V～10 V。

（2）输出电压：-10 V～10 V。

（3）电流输出能力：>4A。

（4）输入阻抗：>1 kΩ。

（5）负载阻抗：2.5 Ω。

驱动器的前级通常为电压放大电路，为了方便实现通常采用运算放大器作为放大元件，而运算放大器的短路电流一般只有几十毫安。所以，设计要求中提出了输入阻抗的限制，输入阻抗越大，前级放大电路的负担就越小。

2.2.3.2 方案选择

从根本上看，半导体制冷片还是通过电压进行控制，通过改变控制电压改变其制冷、制热的状态。之所以提出驱动器“输出电流能力”的要求，是因为半导体制冷片的阻抗太小，如果不能提供足够的驱动电流，就无法建立起所需的控制电压。因此，驱动电路的主要任务是在负载很重，并且很不稳定的情况下，保证输出电压在设计范围内尽可能跟随输入电压变化。

从需求上看，该电路是一个电流放大器，但如果讨论该电路的电流增益则是一件让人非常困难的事情。因为该电路的输入是电压，输出电流同时与电路参数、输入电压、负载三个因素有关，并且负载又极不稳定，所以无法写出该电路的输入输出表达式，试图用解析的方法对该电路进行分析与设计是很难做到的。图 2-14 为驱动器设计要求示意图。

图 2-14 驱动器设计要求示意图

通过上述分析，我们可以简单地理解为：在保证有足够的电流驱动能力的情况下，只要改变电压就可以改变半导体制冷片的温度。因此，可以参考乙类推挽放大电路实现驱动电路设计。

使用乙类推挽放大电路设计驱动电路需要注意以下两个问题：晶体管死区失控和过载保护。

图 2-15 说明了晶体管死区对于输出信号的影响。过载保护则是对于“电流驱动能力”的一个边界限定，虽然从原理上讲驱动电路应提供足够的电流输出，但受限于元器件自身的能力，输出电流必须被限定在一定范围内，才可避免造成元器件的损坏。过载是指输出电流超出了设计要求，此时电路的保护功能应确保电流被限制在合理范围内。

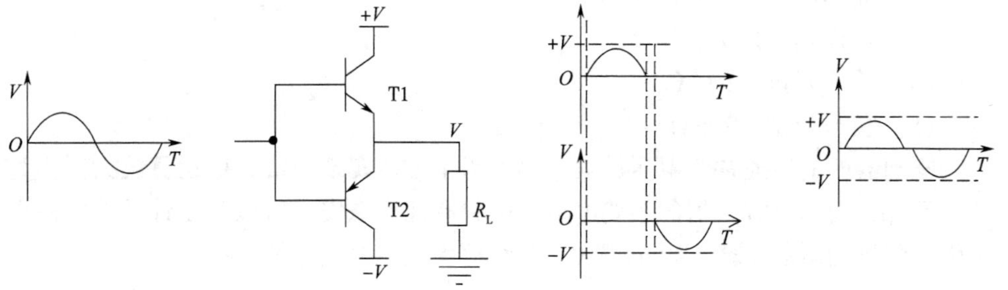

图 2-15　乙类推挽放大电路的死区

2.2.3.3　推荐电路

图 2-16 中 Q1 和 Q3、Q5 和 Q6 分别组成针对正、负电压输入的复合放大晶体管；R2、R4 为采样电阻，检测输出电流；Q2、Q4 起到保护作用，在输出电流超出工作范围时，停止放大晶体管工作；D1、D2、D3、D4 的作用是消除死区失真。

需要注意的是，驱动器用于驱动半导体制冷片工作，消耗功率较大，超过了电源模块的设计要求，因此驱动器的供电（±12 V）应单独提供，不能使用电源模块（输出电压为±12 V）为驱动电路供电。

另外，图 2-16 中的晶体管 Q3 和 Q6 上会有较大电流通过，存在一定的发热现象，读者可根据具体情况为其增加散热片。

2.2.4　单片机模块

单片机模块是本项目的控制核心，负责完成温度数据的采集和处理、控制量的计算、人机交互的控制等。综合考量系统需求及实现难度，本项目选择 C8051F023 芯片实现设计。

对于 C8051F 系列单片机前面已进行了较为详细的介绍，对于 C8051F02x 芯片的硬件资源和使用方式也展开了讨论，但读者不可因此忽略了对于官方手册的

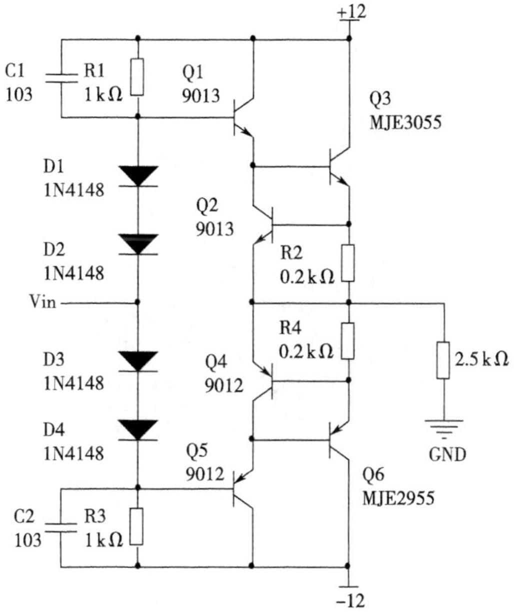

图 2-16　驱动器推荐电路设计

阅读，官方手册的内容更为全面和权威。另外，认真阅读技术手册也是作为承担开发工作的工程师应培养的良好工作习惯。

使用 C8051F02x 系列单片机作为本项目的主控单元面临一个问题：C8051F023 的供电及 I/O 电平均为 3.3 V 电平逻辑，但本项目设计的温度控制系统所使用的外围器件均为 5 V 电平逻辑，且系统供电也只提供 5 V 电源。因此，在进行单片机模块设计前可先完成 C8051F023 芯片的接口电平转换。

2.2.4.1　C8051F023 CORE

C8051F023 CORE（图 2-17）是针对 5 V 电平逻辑接口设计的 C8051F023 最小系统。它包含了以下几部分内容。

（1）单片机：C8051F023 芯片。

（2）5V 转 3.3V 电源：将输入的 5 V 电源变换为 C8051F023 芯片需要的 3.3 V 电源。

（3）单片机复位电路。

（4）振荡电路：11.059 2 MHz 晶振，为单片机提供时钟源。

（5）JTAG 接口：用来进行开发、调试工作。

（6）电平转换电路：使 C8051F023 芯片的 3.3V 电平接口兼容 5V 电平信号。

（7）DIP-40 封装：C8051F023 CORE 与 PCB（Printed Circuit Board）的连接方式设计为 DIP-40 封装样式，便于调试、开发。

图 2-17　C8051F023 CORE

C8051F023 CORE 将 C8051F023 芯片的 P0、P1、P2、P3 等接口进行电平转换并以 DIP-40 封装的形式从底部引出，引出的引脚包含 C8051F023 的大部分硬件资源（图 2-18）。同时，为了便于用户使用，C8051F023 CORE 的引脚排布也尽量与 MCS-51 单片机的引脚排布保持一致。C8051F023 CORE 与 MCS-51 单片机主要引脚定义的区别见表 2-1。

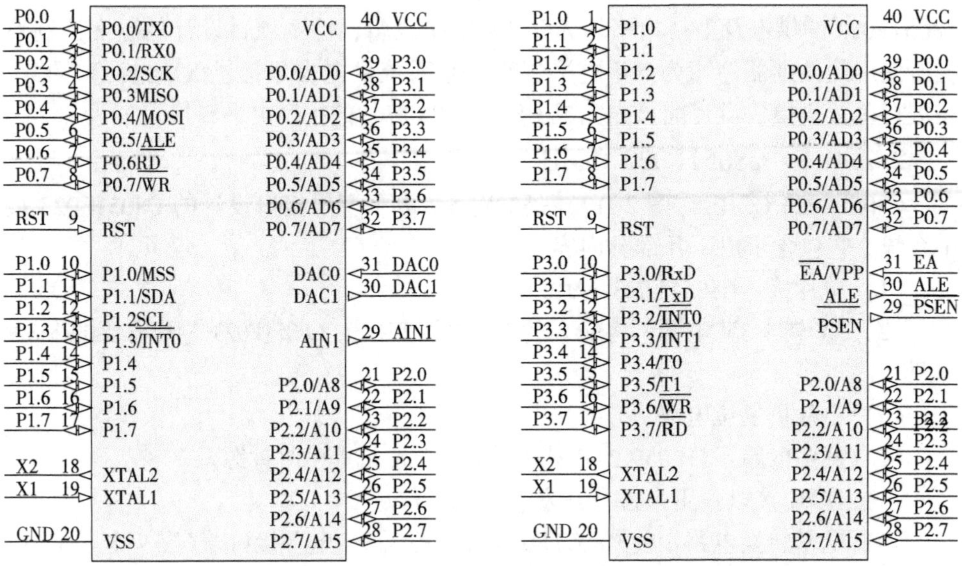

(a)C8051F023 CORE　　　　(b)MCS-51单片机

图 2-18　C8051F023 CORE 引脚与 MCS-51 单片机引脚对比

表 2-1　C8051F023 CORE 与 MCS-51 单片机主要引脚定义的区别

引脚/信号	C8051F023 CORE	MCS-51 单片机
1~8 Pin	P0.0~P0.7	P1.0~P1.7
10~17 Pin	P1.0~P1.7	P3.0~P3.7
21~27 Pin	P2.0~P2.7	P2.0~P2.7
32~39 Pin	P3.7~P3.0	P0.7~P0.0
ALE	P0.5	30Pin
RD	P0.6	P3.7
WR	P0.7	P3.6
RST	Pin9，输出	Pin9，输入
PSEN	无	Pin31
EA	无	Pin29

C8051F 系列单片机功能的增加使其操作比标准 MCS-51 单片机更为复杂，在单片机开始工作之前需要进行许多设置操作，最有代表性的是标准 I/O 端口第二功能的分配。

标准 MCS-51 单片机只有 P3 端口具有第二功能，而且引脚分配是固定的。C8051F 系列单片机采用交叉开关设计，使得其诸多 I/O 引脚可进行浮动分配，所有 I/O 口线都可以具有第二功能。（关于交叉开关的使用在第 1 章中有较为详细的描述，在后续的代码设计部分也会给出参考示例。）

C8051F023 CORE 的设计初衷之一就是便于具有 MCS-51 单片机开发经验的初学者能够快速熟悉 C8051F 系列单片机并开展开发工作。由于 C8051F023 CORE 使用标准的 40 引脚双列直插封装，使得用户在任务开发中，不必过多考虑 C8051F023 单片机与 MCS-51 单片机的不同。参考示例中的配置方法，读者可将 C8051F023 CORE 当作 MCS-51 单片机使用，但要注意的是 MCS-51 单片机与 C8051F023 CORE 模块部分引脚定义的区别。

C8051F023 CORE 不仅在本项目中会采用，在本书后面章节的项目中，也会作为系统控制核心被经常使用。

2.2.4.2　设计要求

使用单片机模块作为温度控制系统的控制核心，除了保证 C8051F023 单片机维持正常工作所需的时钟、复位等外围电路（此部分工作已由 C8051F023 CORE 完成）以外，还要根据项目总体的设计要求进行必要的功能扩展。所需的功能扩展设计包括以下几部分主要内容。

（1）模/数转换功能的扩展设计：为单片机提供模拟信号的采集、处理能力，需要为模/数转换电路提供选通、读/写控制信号，构建模/数转换电路到单片机的数据传送通道。

(2) 数/模转换功能的扩展设计：为单片机提供控制信号的输出能力，需要为数/模转换电路提供选通、读/写控制信号，构建单片机到数/模转换电路的数据传送通道。

(3) 输入/输出功能的扩展：为单片机提供人机交互能力，需要为键盘和显示控制电路提供选通、读/写控制信号，构建单片机同键盘和显示控制电路之间的数据传送通道。

(4) 地址译码电路：用于提供各功能电路的选通信号，由地址译码电路对单片机的地址信号译码得到。

(5) 数据/地址分离电路：用于提供独立的地址信号。8051 单片机采用部分地址总线与 8 位数据总线复用的总线使用方式，必须设计相应的数据/地址分离电路才能够得到独立于数据信号的地址信号。

综合以上的需求可以看出，单片机模块需要向其他功能模块提供数据总线，以及针对各个模块的选通、读/写控制等信号。单片机模块的设计要求如下。

选通信号：4 个。

地址信号：3 个（以备二级译码使用）。

控制信号：RD、WR、ALE、INTO。

数据总线：ADO~AD7。

2.2.4.3 方案设计

为了响应单片机模块设计要求中提到的 4 项针对信号的要求，可以将设计内容分为以下几个方面。

(1) 数据/地址分离电路设计。MCS-8051 单片机的低 8 位地址信号（A7~A0）与数据信号（D7~D0）使用了复用设计，C8051F023 芯片也继承了这一特点。“设计要求”中需要单片机引出 3 个地址信号，若这 3 个地址信号从低 8 位地址（A7~A0）中引出，则必须设计地址/数据分离电路，从数据、地址的混合信号中提取所需的地址信号。若选择从高 8 位地址（A15~A8）中引出 3 路地址信号，则无须考虑地址/数据分离电路，但在代码设计中要留意针对引出 3 路地址信号的控制方式。

8051 单片机的数据/地址分离电路是标准电路，所有 8051 单片机的书籍、资料中都有介绍，读者可查阅资料获取相应电路设计。正确引用经典电路是工程设计中的常用方法。

(2) 地址译码电路设计。地址译码电路设计在单片机应用电路设计中具有一定的代表性，是接口电路设计中的“常规操作”。此类设计要求设计者在理解单片机的地址信号与外围扩展电路选通信号之间关系的基础上，准确地将单片机的地址输出转换为外围扩展电路的选通信号，进而通过程序设计实现单片机对外围扩展资源的控制。

地址译码电路设计，是整个单片机应用电路设计中最具灵活性的部分，有多种电路方案可以满足单片机对外围扩展资源实施控制的设计需要。

第一，全地址译码。全部地址参与译码，产生的选通控制信号对应唯一地址。

第二，部分地址译码。部分地址参与译码，产生的选通控制信号对应某一地址区域，而不是唯一地址。

第三，直接选择。不使用地址译码电路，直接使用地址线作为读/写访问控制的选通信号线。

地址译码电路的基本单元是译码器，例如，2-4 线译码器 74LS139、3-8 线译码器 74LS138 等。不管是哪一种译码器，其译码输出都是有限的，而系统中所需的选通控制信号可能已远远超出译码器的输出限制。为了解决这个问题，可以采取两种办法：一种是多个译码器并联，另一种是进行二次译码。“并联方式”是译码器译码输出数量的简单扩充；“二次译码”则是将一次译码输出作为二次译码器的选通控制信号，并配合地址信号进行再译码。在译码输出数量相同的情况下，二者的硬件开销基本相同，但后者的灵活性更大。

(3) 总线驱动电路设计。只要不超出寻址范围，计算机外围资源的扩充数量理论上是不受限制的。但实际上计算机三总线（数据、地址、控制）的驱动能力（或带负载能力）是有限的，单片机也是如此。当需要扩充的外围资源超出计算机总线的驱动能力时，可以通过设计总线驱动电路使计算机带动更多的负载电路。

总线驱动可通过专用元器件实现，如：74HC245 等。

2.2.4.4 推荐电路

图 2-19 为一个相对完整的包含数据/地址分离、译码和总线驱动的单片机设计电路，此电路使用 74HC245 作为总线驱动芯片；使用 74HC373 芯片，配合 ALE 信号分离出低 8 位地址信号；使用 74HC138 实现了对于高 3 位地址信号的部分地址译码，产生 4 路选通信号 CS0～CS4。

图 2-19 中涉及三款 74 系列芯片（74HC245、74HC373、74HC138），这三款芯片均为单片机设计常用芯片，读者可通过查看器件手册了解芯片特性。

考虑到本项目使用的外部设备较少，对于总线的压力不大，可以选择去掉 74HC245 芯片，以降低硬件成本。

图 2-20 是针对图 2-19 的一种简化，取消了数据/地址分离电路，此电路从高 8 位地址中引出 A8、A9、A10 作为“设计要求”中提到的 3 路地址信号。

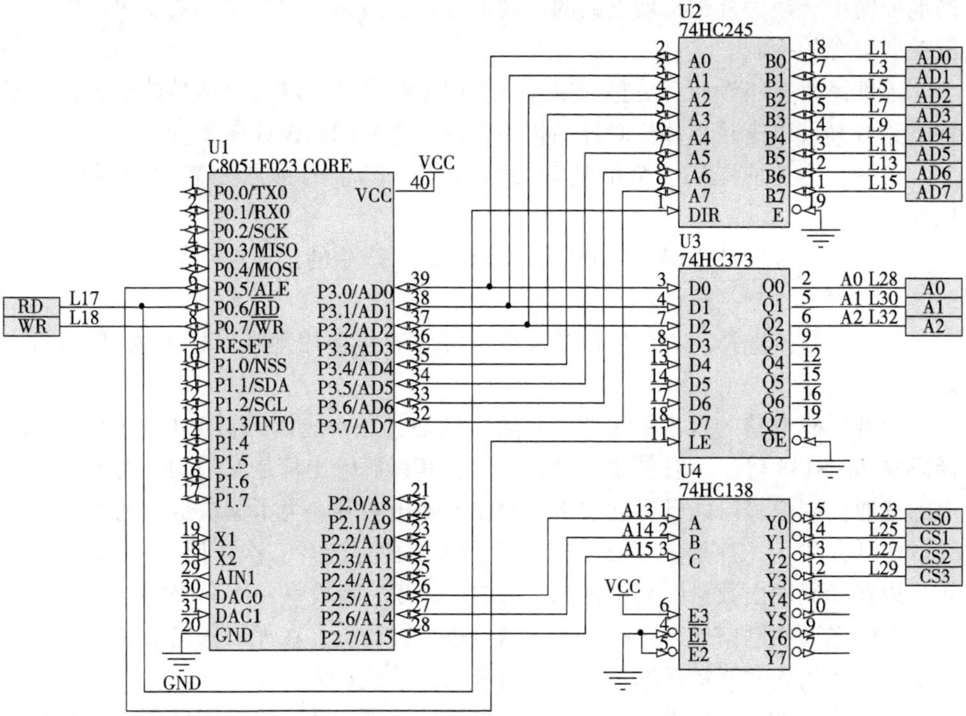

图 2-19　包含数据/地址分离、译码和总线驱动的单片机设计电路

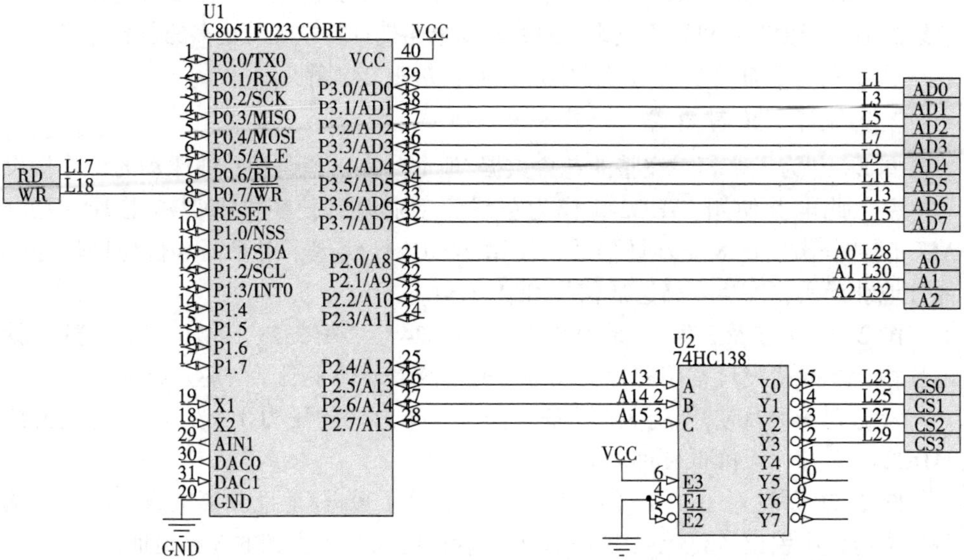

图 2-20　不进行数据/地址分离的设计电路

图 2-21 对图 2-20 做了进一步简化，不仅使用 A8、A9、A10 作为 3 路地址信号，而且直接使用 A12、A13、A14、A15 四根地址线作为选通信号。

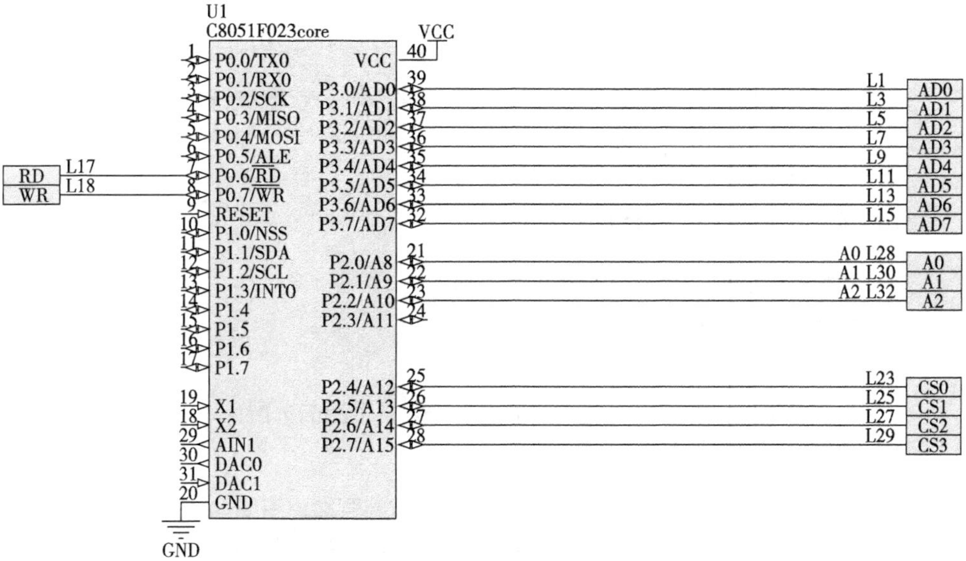

图 2-21 使用直接地址译码的设计电路

以上三种电路设计方式均能满足设计要求，并且硬件设计逐一简化。但在硬件简化的同时，对于程序设计的要求也在逐步提高，需要程序设计人员准确地通过代码控制地址线状态。特别是使用直接地址译码的设计电路，在确保地址线控制准确的前提下，还要保证 CS0～CS3 四个选通信号在同一时刻最多只能有一个选通线有效，否则将有可能出现总线冲突的错误。

2.2.4.5 模块调试

本项目之前设计的“电源模块”“变送器模块”“驱动模块”均为纯电路设计，调试、验证方法较为简单，一般在给定输入的情况下，通过电压表便可观测到对应输出，从而判断设计是否正确。

从“单片机模块”开始，之后设计的每个工作模块均需要通过代码进行控制，因此，调试过程中，也必须辅以对应的调试代码，才可验证设计的正确性。

“单片机模块”的设计要求主要涉及选通信号、地址信号、控制信号以及数据总线，其中控制信号和数据总线直接从 C8051F023 CORE 引出，因此不必进行特别的测试。“单片机模块”调试工作的主要目的是验证选通信号和地址信号的正确性。

测试代码主要包含两部分内容：初始化代码和单片机模块测试代码。

初始化代码用于设置单片机的工作方式，如：时钟设置、交叉开关设置等，这部分的设置方法在第 1 章中有较为详细的描述，读者可以配合芯片手册进行学习，在此只给出代码示例以供参考。

```
//"Init_Device.c"设备初始化函数组，在主程序中调用Init_Device()//

/*程序调试阶段需要关闭watch_doog功能，否则会干扰调试过程。程序
调试完成以后，主程序中加入看门狗操作语句的情况下可以开启看门狗，
以便在死机后系统能够复位并重新启动。*/

void Reset_Sources_Init()
{
    WDTCN = 0xDE;          //禁止开门狗
    WDTCN = 0xAD;
}

//交叉开关配置函数，完成基本功能选择和端口资源的分配
void Port_IO_Init()
{
    XBR0 = 0x0F;           //UART0的TX0,RX0 连到端口引脚P0.0,P0.1
                           //SPI0的SCK, MISO, MOSI连接到端口
                           //引脚P0.2,P0.3,P0.4
                           //SPI0的NSS连接到端口引脚P1.0
                           //MSBus的SDA, SCL连接到端口引脚P1.1,P1.2
    XBR1 = 0x1E;           //T0,T1 连到端口引脚P1.4,P1.6
                           //INT0 连到端口引脚P1.5
                           //INT1 连到端口引脚P1.7
                           //CEX0 连到端口引脚P1.3
    XBR2 = 0xC2;           //禁止弱上拉
                           //交叉开关使能
                           //使用低端EMI
    EMI0CF = 0x0F;         //选择P2-P3作为总线端口，复用方式
                           //仅使用外部RAM
    EMI0TC = 0xDF;         //总线访问地址建立时间3个SYS周期
                           //总线访问读/写脉冲宽度8个SYS周期
                           //总线访问地址保持时间3个SYS周期
}
//振荡器初始化函数,使用片外晶体振荡器
void Oscillator_Init()
{
    uint i = 0;
    OSCXCN = 0x67;                     //使用片外晶体谐振器，f>6.7MHz
    for (i = 0; i < 3000; i++);        //等待1mS完成操作
    while ((OSCXCN & 0x80) == 0);      //检测外部振荡器是否有效
```

```
    OSCICN = 0x08;                        //选择外部振荡器作为系统时钟
                                          //禁止内部时钟
}
//参考电压源初始化函数
void Voltage_Reference_Init()
{
    REF0CN = 0x03;                        //使能片内电压基准发生器
}
//ADC0初始化函数
void ADC0_Init()
{
    AMX0CF = 0x00,
    AMX0SL = 0x00;
    ADC0CF = 0x28;
    ADC0CN = 0x81;
}

//ADC1初始化函数
void ADC1_Init()
{
    AMX1SL = 0x07;
    ADC1CF = 0x19;
    ADC1CN = 0x80;
}

void DAC_Init()
{
    DAC0CN = 0x84;
    DAC1CN = 0x84;
}
//设备初始化函数，在主程序中调用Init_Device()
void Init_Device()
{
    Reset_Sources_Init();                 //复位源初始化
    Port_IO_Init();                       //端口初始化
    Oscillator_Init();                    //时钟源初始化
    Voltage_Reference_Init();
    ADC0_Init();
    ADC1_Init();
    DAC_Init();
}
```

本段代码用于设置单片机工作模式，所设置模式适用于本项目。在调试本项目所涉及测试代码时，可将本段代码保存为“Init_Device. c”文件，放置于测试代码同一路径下，在测试代码中使用#include“Init_Device. c”命令“包含”该文件，并在主函数 main( ) 中调用 Init_Device( ) 即可。

运行单片机模块测试代码的目的是通过代码的执行，观测单片机选通信号和地址信号动作情况，从而判断模块设计是否正确。本段测试代码适用于包含数据/地址分离、译码和总线驱动的设计电路，读者可根据理解自行编写针对其他两种推荐电路的测试程序。

```
// 单片机模块测试代码
#include "C8051F020.h"                  //头文件
#include "absacc.h"
#include "Init_Device.c"                //初始化设置
#define     CS0   XBYTE[0x0055]         //定义CS0地址
#define     CS1   XBYTE[0x20AA]         //定义CS1地址
#define     CS2   XBYTE[0x4055]         //定义CS2地址
#define     CS3   XBYTE[0x60AA]         //定义CS3地址

void main(void)
{
    unsigned char a;
    Init_Device();                      //调用初始化函数
    while (1)
    {
        CS0 = 0x55;                     //向CS0地址写入0x55
        a = CS1;                        //从CS1地址读取数据,
                                        //并放入变量a
        CS2 = 0xaa;                     //向CS2地址写入0xaa
        a = CS3;                        //从CS3地址读取数据,
                                        //并放入变量a
    }
}
```

代码中 XBYTE 为一个宏，定义在 absacc. h 头文件中，可通过它来访问外部存储器数据，访问地址通过 XBYTE 后面 [ ] 中指定的数值定义。

在本段代码中，将 CS0 定义为 XBYTE [0x0055]，并在主函数中执行 CS0 = 0x55 语句，对应单片机操作则为向外部地址（0x0055）写出一个字节数据（0x55）。分析 51 单片机总线的写操作可知，单片机写出数据过程为：先设置 16

位地址总线（A15～A8、AD7～AD0）为地址信息（0x0055），然后保持高 8 位总线（A15～A8）不变，将 8 位总线（AD7～AD0）由地址信息变为数据信息，给出数据（0x55）。此过程中高 8 位总线（A15～A8）一致保持地址输出，低 8 位总线（AD7～AD0）先输出地址后输出数据。

通过代码中的地址（0x0055）可知，高 8 位地址总线（A15～A8）在整个读取周期中保持输出地址的高 8 位（0x00），对照图 2-20 可以看出，高 3 位地址总线 A15、A14、A13 保持输出低电平。A15、A14、A13 与 74HC138 的 C、B、A 端口相连，若均为低，则 74HC138 的输出 Y0 有效（为低），对应硬件设计中的 CS0 有效。

51 单片机总线的读操作与写操作类似：总线首先输出 16 位地址信息，之后低 8 位总线变为读取模式，从数据总线上获取一字节数据。测试代码中的 a=CS1 语句，会将高 8 位地址总线（AD15～AD8）设置为 CS1 的高 8 位（0x20），从而将 A15、A14、A13 三个信号设为低、低、高，进而将 74HC138 的输出设置为 Y1，对应硬件设计的 CS1 选通信号有效。

代码中 while(1) 的循环执行，则会使单片机逐一使能 4 个选通信号（CS0～CS3），此现象可通过示波器观测，从而验证选通信号部分设计的正确性。示波器所观测 CS0～CS3 波形如图 2-22 所示。

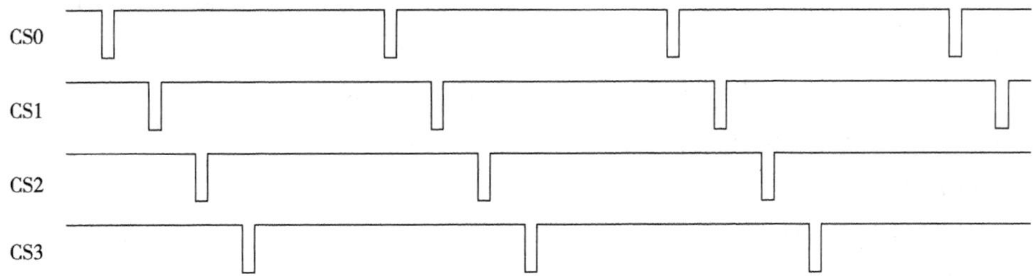

图 2-22　CS0～CS3 波形

接下来分析测试程序运行过程中，地址线 A0、A1、A2 的输出形式。通过硬件设计图 2-20 可以看出 A0、A1、A2 三根地址线来源于 C8051F023 CORE 的地址/数据总线低 3 位信号（AD0、AD1、AD2），AD0、AD1、AD2 经过 74HC373 的数据地址分离处理后，则使得 A0、A1、A2 仅保留了地址信息。代码中的读/写指令（CS0=0x55；a=CS1；CS2=0xAA；a=CS3）分别输出地址 0x0055、0x20AA、0x4055、0x60AA，低 3 位地址分别为 0b101、0b010、0b101、0b010。单独看每根地址线，所呈现的输出均为高低电平交替，如图 2-23 所示。

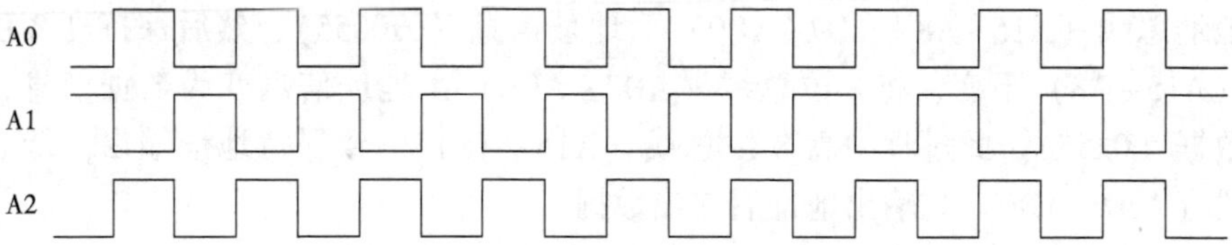

图 2-23　A0、A1、A2 输出波形图

2.2.5　模/数转换模块

“模数转换”也就是我们常说的 A/D 转换，是指模拟信号到数字信号的转换过程。其中模拟信号可以是电压信号，也可以是电流信号；数字信号根据转换精度的不同可以是 8 位、16 位、24 位或更高位数的二进制数字。

电路设计中，模数转换一般使用专门的模数转换芯片实现。模数转换芯片种类繁多，开发者可根据需求选择使用。

2.2.5.1　设计要求

本项目中，模/数转换模块的功能是将变送器输出 0~5 V 电压信号转换为 8 位二进制数字量，并交给单片机模块进行处理。通过前面对于传感器和变送器的分析，我们知道变送器输出的 0~5 V 电压信号正比于被控对象的温度（0~100℃），因此模/数转换模块输出的数字量也就代表了被控对象的温度。

模/数转换模块的功能非常明确，其设计要求如下。

输入信号范围：0~5 V。

分辨率：8 位。

转换时间：<1 ms。

2.2.5.2　方案设计

几种常用的模/数转换电路的工作原理如下。

（1）积分型：将电压转换成脉宽信号或频率，由定时器/计数器获得数字值。其优点是分辨率高，缺点是转换速率极低。

（2）逐次比较型：此类型模/数转换器由比较器和 D/A 转换器构成，转换过程中通过逐次比较生成数字量。其优点是速度较快、功耗低，在转换精度要求不高的应用场景下成本较低。

（3）并行比较型：此类型模/数转换器包含多个比较器，通过一次比较操作完成数据转换。其优点是转换速率极高；缺点是当转换器件分辨率高、电路规模较大时，价格提升幅度较大。此款转换器更适用于分辨率要求低、转换速率要求快的场景。

（4）压频转换型：此类型模/数转换器首先将模拟信号转换成频率，然后用计数器将频率转换成数字量，从理论上讲其分辨率几乎可以无限增加。其优点是分辨率高、功耗低、价格低，缺点是需要外部计数电路协同完成转换操作。

考虑到本项目的应用场景为 0～100℃的温度控制系统，对于精度和转换速率的要求相对较低，因此可选用 ADC0804 芯片实现模/数转换功能。

ADC0804 是一款分辨率为 8 位的逐次比较（逐次逼近）型模/数转换电路芯片，它具有 8 位的数据并口，可方便地与单片机通信，非常便于初学者使用，且其分辨率和转换速率均能够满足本模块的“设计要求”。

2.2.5.3 推荐电路

模/数转换电路设计非常简单，除了需要 ADC0804 芯片外，并不需要增加太多的外围电路设计。

图 2－24 中 D0～D7 为 ADC0804 的数据接口，与单片机数据/地址总线（AD0～AD7）连接；V_{in} 为模拟电压输入，电压信号来源于变送器输出；WR 和 RD 为单片机读写信号；CS1 是在单片机模块设计中生成的 4 路选通信号之一；电阻和电容用来控制 ADC0804 的转换速率。

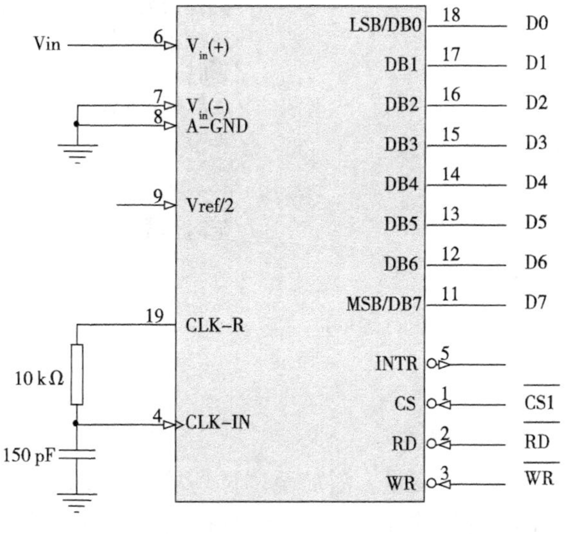

图 2-24 模/数转换电路设计

需要说明的是，ADC0804 的 8 位数据接口为单向接口，即只能向外输出数据。单片机控制读信号（RD）便可通过 8 位数据/地址总线读到模/数转换结果。WR 为单片机写信号，此信号线动作的目的并非要向 ADC0804 写入数据，而是作为模/数转换的启动信号使用。每当 WR 信号有效时，ADC0804 便启动一次模/数转换操作，将 V_{in} 输入的电压值通过逐次比较的方式转换为数字量，经过一定的转换时间（转换所用时间由外部电阻和电容控制，按照设计要求需 <1ms），单片机便可通过读取外部数据的方式获得转换结果。

2.2.5.4 模块调试

对于模/数转换模块设计的正确性，通过运行以下调试代码进行验证。

```
#include "C8051F020.h"                    //头文件
#include "absacc.h"
#include "Init_Device.c"                  //初始化配置文件
#define   CS1      XBYTE[0x2000]          //定义CS1地址
#define   TIMER    0x10                   //定义延时参数

void delay(void);
void main(void)
{
    unsigned char x;
    Init_Device();                        //单片机初始化
    while (1)
    {
        CS1 = x;                          //单片机写操作，驱动WR信号
                                          //启动模/数转换
        delay();                          //延时，等待模/数转换完成
        x = CS1;                          //读取模/数转换结果
        delay();                          //延时
    }
}
void delay(void)                          //延时函数
{
    unsigned int i;
    for (i = 0; i < TIMER; i++)
        i = i;
}
```

运行以上测试代码，将变量 x 添加至调试环境的 watch 窗口，每当代码停止运行时，便可观测到 x 变量的数据。x 变量为 unsigned char 类型，其数值范围为 $0 \sim 2^8$。

在 0~5 V 范围内改变输入电压 V_{in}，x 的数值应为

$$x = \frac{V_{in}}{5} \times 2^8$$

2.2.6 人机交互模块

在前面的温度控制系统分析中，要求本系统具备人机交互的功能。所谓“人机交互”，可以理解为操作人员对于系统的操控和监测，如：输入命令、查看系统状态等。

人机交互功能的实现依赖于两部分基础功能的支持，分别为显示和输入。在设计过程中，显示和输入两项基础功能的开发工作需分别开展。

2.2.6.1 显示控制电路的设计与实现

(1) 设计要求。对于温度控制系统而言，显示功能的实现一般有两种器件可供选择：LCD（液晶）显示器和 LED（发光二极管）数码显示器。

LCD 显示器显示效果好，但控制复杂、成本高；LED 数码显示器只能显示数字和少量的英文字母或符号，但控制简单、成本低。温度控制系统需要显示的信息并不复杂，为节省成本和简化控制过程，推荐使用 LED 数码显示器。

一般而言，对一个对象进行控制时，操作者需要知道被控对象当前的状态，对于温度控制系统而言，操作者需要看到半导体制冷片的实时温度，所以显示系统应能够显示半导体制冷片的当前温度；此外，操作者需要在输入操作过程中看到输入内容，不能要求每个操作者都通过“盲打”来输入数据，因此显示功能应为输入环节的操作便利性提供支持。

考虑到本温度控制系统的控制目标范围为 0~100℃，若采用 LED 作为显示设备，则人机交互模块的设计要求如下。

1）显示设备：LED 数码管。

2）显示位数：4 位。

4 位数码管的其中 2 位用于控制目标当前温度的显示（00~99），另外 2 位用于输入操作过程中显示输入内容（00~99）。

(2) 典型 LED 数码显示器的工作原理和控制信号引脚。

1）LED 数码管的内部结构和工作原理。每 1 位 LED 数码管由 7 个条形和 1 个圆形 LED 组成，每个 LED 称为“段”。数码管每“段”都用英文字母命名，依次为 a、b、c、d、e、f、g、h、dp，对应控制引脚的命名与段的名称相同。LED 正极连在一起的称为“共阳”型，负极连在一起的称为“共阴”型。共阳型 LED 数码管公共端接电源，负极接控制信号，控制信号低电平有效。共阴型 LED 数码管相反，公共端接地，正极接控制信号，控制信号高电平有效。

图 2-25 中左侧数码管为共阳型数码管，引脚 pw 为供电端。

2）双联共阳独立控制 LED 数码管的内部连接及外部引脚定义如图 2-26 所示。

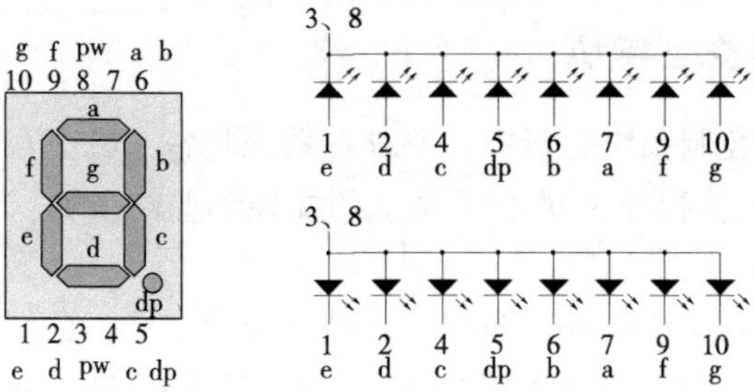

图 2-25　数码管工作原理和信号引脚

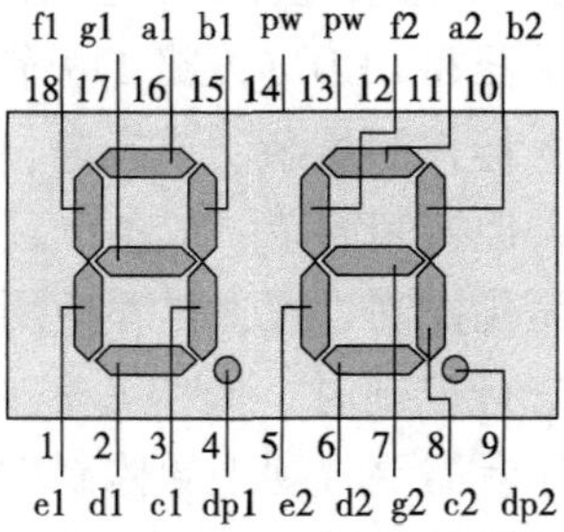

图 2-26　双联共阳独立控制 LED 数码管的内部连接及外部引脚定义

3）四联共阴扫描控制 LED 数码管的内部连接及外部引脚定义如图 2-27 所示。

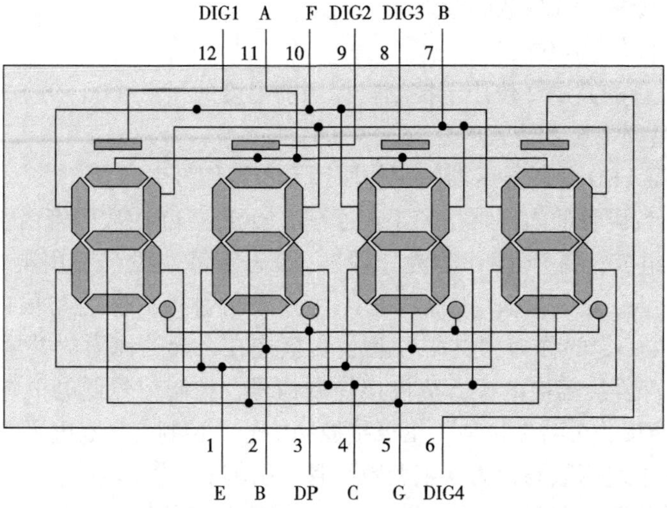

图 2-27　四联共阴扫描控制 LED 数码管的内部连接及外部引脚定义

（3）显示控制方式。数码管的显示控制方式分为两种：静态显示控制方式和动态显示控制方式。

1）静态显示控制方式：LED 数码管独立控制，控制电路为每一显示段提供恒定的电压，保证数码管显示的内容持续不变。该方式使用的元件多，成本相对较高，但每位独立控制，程序设计比较简单，适用于显示位数较少的场合。

2）动态显示控制方式：利用人眼的视觉暂留特性，用一套控制电路轮流点亮所有的数码管。该控制方式中电路组成简单、成本低，但控制程序复杂，适用于显示位数较多的场合。

（4）显示电路的设计方案。显示电路的设计以便捷、直观为原则，选择静态显示控制方案，这样便大大简化了程序设计的复杂性。为了简化电流驱动电路的设计，器件方面可以选择支持静态显示且能够独立控制的共阳双联数码管。

在电路设计上还应解决以下两方面问题。

1）数码管的选通问题。设计目标要求可以独立控制 4 位 LED 数码管，但在单片机模块设计中仅生成了 4 路的选通信号（CS0～CS3），而且这些选通信号还将用于模/数、数/模转换电路的选通。因此，为了实现 4 位 LED 数码管的独立控制，还需要设计二级译码电路，产生更多的选通信号。

2）数码管静态显示的问题。每个数码管由 8 个 LED 组成，每个 LED 分别由单片机 8 位数据总线（AD0～AD7）中的 1 位进行控制。但是单片机数据总线的状态在程序运行过程中一直在变化，无法为数码管的 LED 提供稳定的输出。为了使数码管可以保持稳定的显示状态，需要增加锁存电路，锁住数据总线状态，保持显示数据稳定输出。

（5）推荐电路。

1）二级译码推荐电路。图 2－28 中左侧 C8051F023 CORE、74HC373 和 74HC138 为单片机模块电路，右侧 74HC138 为显示电路的二级译码。

显示电路二级译码的 74HC138 通过一级译码的 CS0 进行控制，只有当 CS0 有效时 74HC138 才可以进入工作状态。74HC138 的另一个使能端通过单片机写信号（WR）控制，这是因为对于数码管的控制只有写数据操作，单片机不会从数码管读取任何数据。

二级译码芯片 74HC138 的输出，由单片机模块所产生的地址线 A0、A1 控制。A0、A1 的变化可以产生 4 个选通输出（Y0～Y3），分配给 4 个数码管。

在单片机进行写操作时，只要保证数据的写出地址位于使能 CS0 的地址段内，则可使能二级译码电路中的 74HC138，改变地址最后两位（A0、A1）的状态，则可逐一使能 4 个数码管。

2）数码管显示控制推荐电路。数码管的数据锁存通过 74HC273 芯片实现。

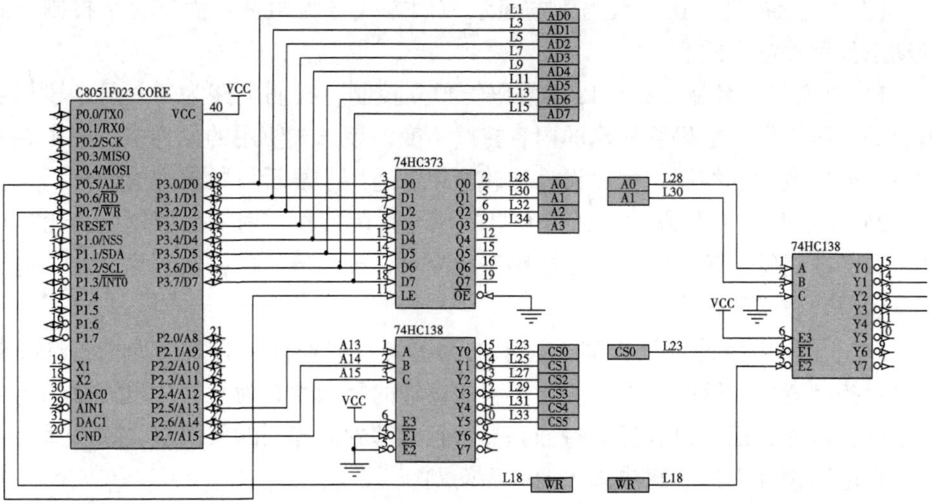

图 2-28　显示电路二级译码设计

图 2-29 电路中，为每个数码管配备了一片 74HC273，74HC273 的 CLK 端由二级译码产生的选通信号控制，当二级译码的选通信号使能时，则该片 74HC273 将单片机数据总线上的数据锁存于输出端，持续为数码管提供显示数据。

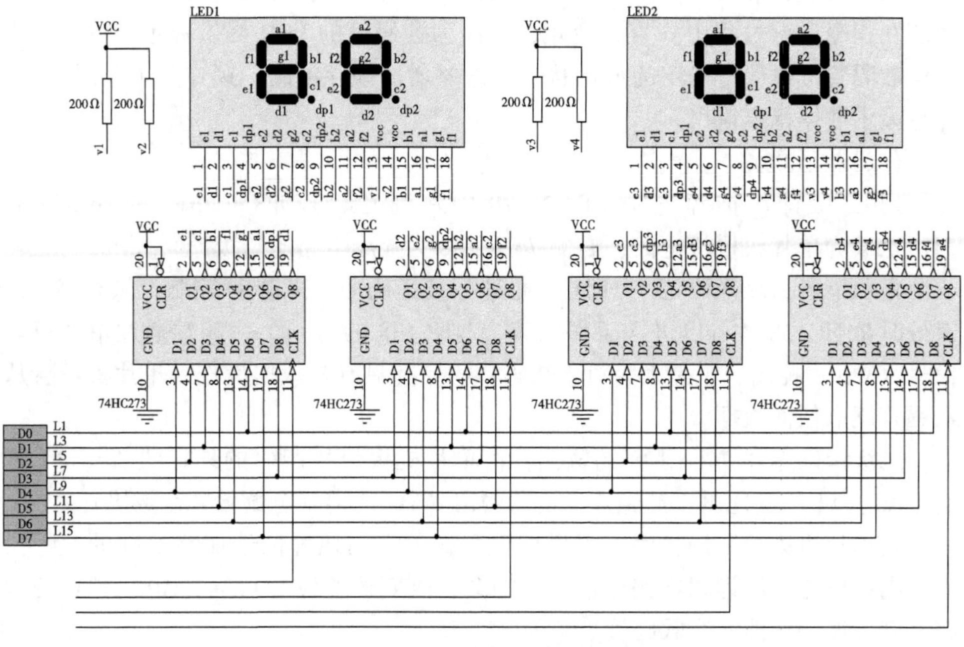

图 2-29　数码管显示控制推荐电路

图 2-29 为数码管显示控制推荐电路，数据总线 AD0～AD7 分别对应数码管 a～dp 段，每个数码管与总线连接方式一致。这种设计使得在程序编写时，4 个数码管的显示内容可以通过同一组码表实现。图 2-29 中 4 个 200Ω 电阻为限流电阻，可控制流过每个数码管的电流，在适当范围内调整这些电阻阻值，能改变数码管亮度。

（6）电路调试。显示电路调试代码如下：

```
#include "C8051F020.h"                //头文件
#include "absacc.h"
#include "Init_Device.c"

#define    LED1      XBYTE[0x0000]   //定义数码管地址
#define    LED2      XBYTE[0x0001]
#define    LED3      XBYTE[0x0002]
#define    LED4      XBYTE[0x0003]
//数码管显示码表
unsigned char num[] = { 0xC0,0xF9,0xA4,0xB0,0x99,
                       0x92,0x82,0xF8,0x80,0x90,0x7f };
void delay(unsigned int x)            //延时函数
{
    unsigned long i;
    for (i = 0; i < 1000 * x; ++i)
        i = i;
}

void main(void)
{
    unsigned  char i;
    Init_Device();
    LED1 = LED2 = LED3 = LED4 = 0xff; //熄灭4个数码管
    while (1)
    {
        for (i = 0; i < 11; ++i)       //循环显示码表内容
        {
            LED1 = num[i];
            LED2 = num[i];
            LED3 = num[i];
            LED4 = num[i];
            delay(60);                 //延时以保持显示内容
        }
    }
}
```

电路设计中使用CS0作为显示电路的选通信号，CS0对应地址范围为0x0000~0x1FFF。在满足CS0使能的基础上，通过设置A0和A1地址线可以逐一选通4个数码管，所以4个数码管的地址可以被定义为0x0000、0x0001、0x0002、0x0003。

数码管由8个LED构成，通过码表对数字进行编码，并控制数据总线的输出，就能够控制LED的亮、灭状态，组成肉眼可以识别的字符。代码中num[ ] 数组为显示码表，内容为数字0~9，最后一个字码为单独点亮小数点。

代码中特意添加了延时函数，且延时较长，目的是保持数字显示时间，以便肉眼观测。

该测试程序的运行效果为：4位数码管同步变化，依次显示数字0~9和单独的小数点，并循环运行。

2.2.6.2 键盘控制电路的设计与实现

温度控制系统需要通过键盘、鼠标、触摸屏等输入手段实现控制命令的输入，相对于鼠标、触摸屏、语音等较为复杂的输入手段，键盘的设计、实现更为简单，且与显示方式（数码管）配合更为“默契”，适合作为“温度控制系统”输入功能的技术方案。

按键开关作为常用的电子元器件形式多样，从材质上分有机械式、塑料薄膜式、导电橡胶式等；从开关方式上分有自恢复式、自锁式、轻触式等。除此之外，还有面向特殊应用场合的防水开关、急停开关等。在本项目中选择轻触式按键作为输入设备，它的操作感觉类似于计算机键盘，常用于小型控制系统。

轻触式按键（见图2-30）作为电路中的器件，其原理非常简单，可以看作开关处理。

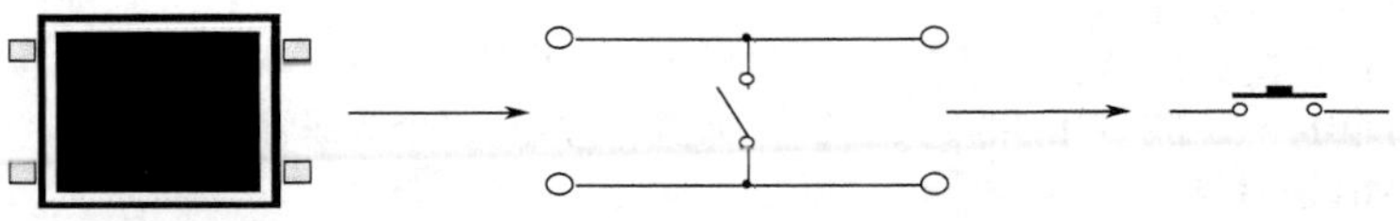

（a）实物外形示意　（b）内部电路　（c）电路符号

图2-30　轻触式按键示意图

（1）设计要求。键盘设计要求简单，只要保证所设置按键数量能满足操作要求即可。在温度控制系统操作过程中需要设置控制对象的温度，因此需要具备数字0~9的输入功能，除此之外，还需预留一些按键作为功能键，丰富系统功能，如系统的启动/停止键、数位切换键等。键盘控制电路有如下的设计要求。

1）按键类型：轻触式按键。

2）按键数量：>12。

3）0~9 数字键及若干功能键。

（2）键盘控制电路的设计方案。键盘读取电路一般有以下两种设计形式。

1）直读式键盘控制方案：单片机通过 I/O 口线或总线缓冲电路，直接读取按键的状态。

图 2-31 为直读式键盘读取方案，其使用“直读”思路设计键盘读取方案，可以看出 P3 端口的每一位对应一个按键，通过读取每个引脚输入电平的高低，判断对应按键是否被按下。由于单片机体积较小，引脚数量有限，所以单片机的引脚是重要资源，使用这种方式读取按键显然效率较低。当然，也可通过增加 74HC244，并辅以译码电路实现更多按键的读取，但是这种方式带来了更多元器件及 PCB 面积的消耗。

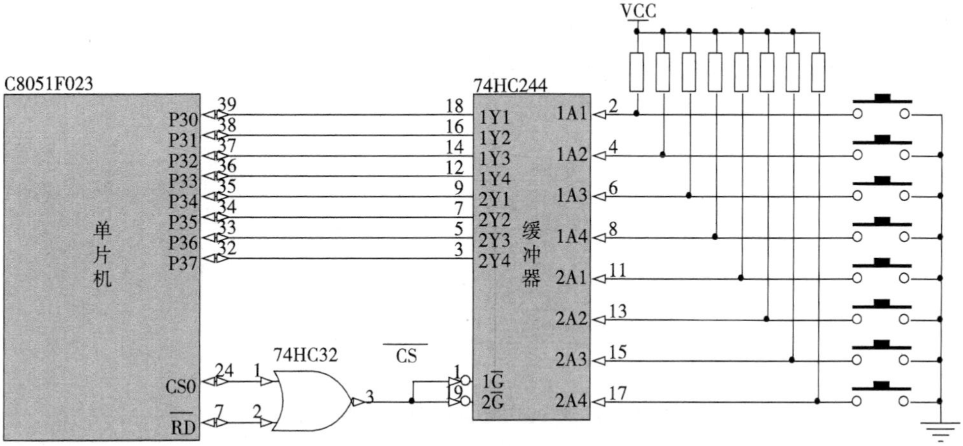

图 2-31　直读式键盘读取方案

因此，“直读”方案虽然设计直观，且控制程序较为简单，但是在按键较多的情况下，硬件成本较高。

2）阵列式键盘控制方案：单片机通过 I/O 口线或总线缓冲电路向阵列式键盘送入周期变化的扫描信号，然后读取键盘的信息，并配合当前扫描信号状态，判断是否有按键被按下。

图 2-32 为阵列式键盘读取方案，阵列式键盘由一组状态线和一组扫描线，以及位于横、纵线交叉点上的按键组成。图中右侧电阻为上拉电阻，电阻一端为 VCC，另外一端与 COLS 线连接。

阵列式键盘通过扫描的方式读取按键状态（见图 2-33）：读取键盘时，扫描线从 SCAN0 到 SCAN3 分时、依次输入低信号，并保持其余 SCAN 线为高；在输入一组扫描信号的同时读取 COLS 线状态，若其中有信号线为低，则表明有按键

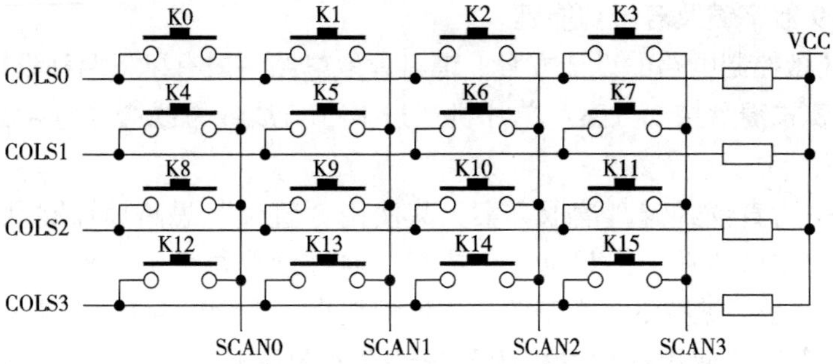

图 2-32 阵列式键盘读取方案

被按下；此时，COLS 中状态为低的信号线表明按键“行号”，SCAN 当前输出为低的信号线为按键“列号”，通过“行号”和“列号”便可确定当前哪个键被按下。扫描和读取操作需要循环执行，间隔不可过长，以免漏掉按键信息。

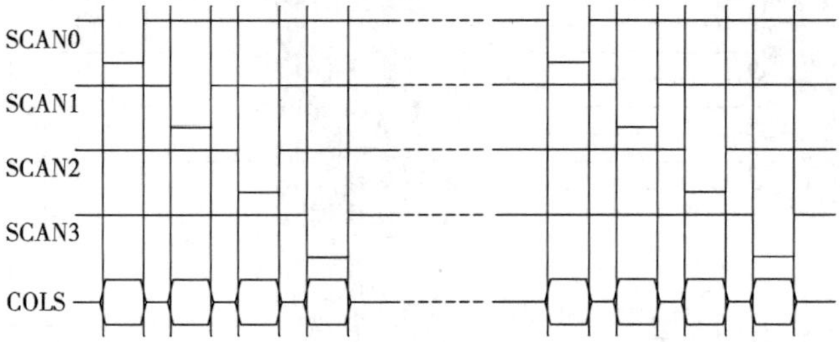

图 2-33 阵列式键盘扫描、读取时序

由图 2-33 可以看出，在按键数量较多的情况下，阵列式键盘控制方案具有明显优势，其通过少量的单片机接口和外围电路便可实现大量按键的读取。但是，相对于直读式键盘读取的设计，阵列式键盘读取的程序设计较为复杂。

（3）推荐电路。

1）数据扫描推荐电路设计。数据扫描方式是指阵列式键盘的扫描信号由单片机数据总线生成，从而实现键盘状态读取的电路设计方式。每次读取键盘状态时，先由单片机进行写操作，使数据总线 AD0～AD3 生成扫描信号，并通过 74HC273 进行锁存，使阵列式键盘保持当前扫描状态，然后使能 74HC244 芯片，再进行单片机的读操作，通过数据总线 AD0～AD4 读回键盘信息，从而判断当前是否有按键被按下。

阵列式键盘电路与显示电路同为人机交互模块设计，因此使用同一选通（CS0）信号使能。图 2-34 中 U1 为显示电路设计二级译码中使用的 74HC138，Y0～Y3 输出用于使能显示电路的 4 位数码管，此处可使用 Y4 输出作为 U3

（74HC273）的锁存控制。由于原有显示电路设计中使用的 A0、A1 两条地址线不足以驱动 Y4 输出，所以增加地址线 A2 至 74HC138 的 C 引脚。

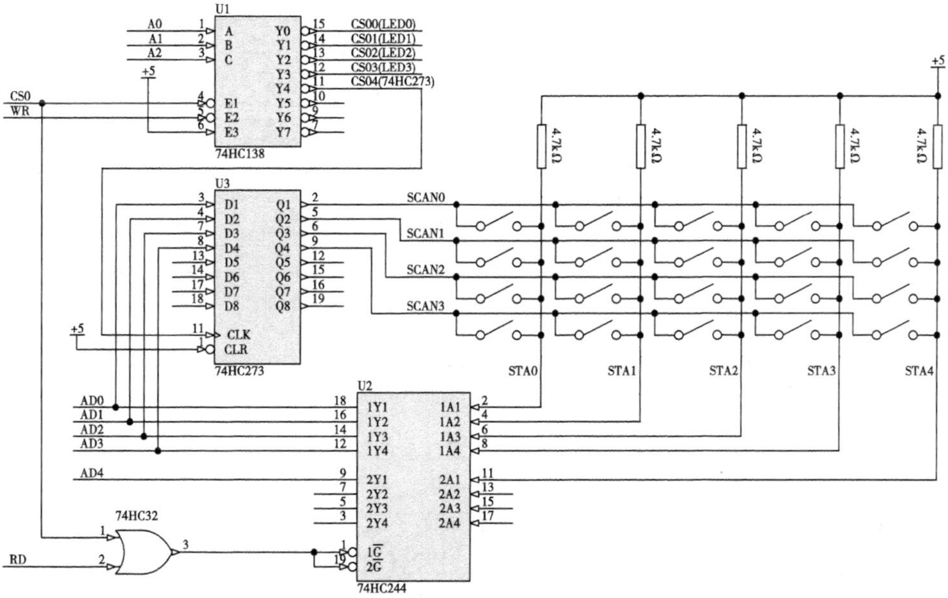

图 2-34　数据扫描方式键盘控制电路设计

单片机读（RD）、写（WR）信号的加入是为了确保 U1（74HC138）只在单片机总线进行写操作时使能，U2（74HC244）只在单片机总线进行读操作时使能。

2）地址扫描电路设计。地址扫描方式是指阵列式键盘的扫描信号由单片机地址总线生成，从而实现键盘状态读取的电路设计方式。

单片机在进行片外读操作时，会先通过总线输出地址信号，然后再使用数据总线读取数据。如果能够在读操作过程中，通过地址信号的变化生成对应的键盘扫描信号，就可以在一个读操作周期内同时完成扫描信号的生成和键盘状态的读取。地址扫描方式就是基于这种思路设计的。

图 2-35 中 U1 为显示电路设计二级译码中使用的 74HC138，此时增加地址线 A2，使单片机程序可以驱动 Y0～Y7 全部 8 个输出信号，保留 Y0～Y3 控制数码管的功能，将 Y4～Y7 接入阵列式键盘扫描信号。这时，只要在单片机中执行针对不同地址的读操作（使 A0、A1、A2 产生适当变化）便可产生键盘扫描信号，同时在本次读操作周期中完成 74HC244 数据（也就是键盘状态）的读取操作。

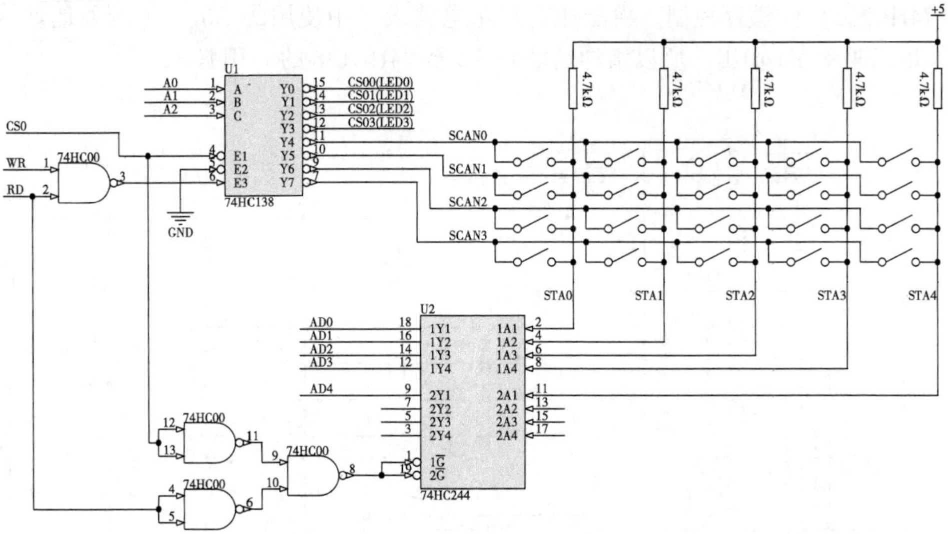

图 2-35　地址扫描方式键盘控制电路设计

显然，地址扫描方式相比较于数据扫描方式，不仅在硬件开销上有所减少（数据扫描方式比地址扫描方式多使用一片 74HC273），而且在单片机运行效率上有所提升（数据扫描需要进行一次读操作和一次写操作，地址扫描只需进行一次读操作）。

为了使单片机写操作（控制 LED 数码管）和读操作（读取键盘信息）均可使能 U1（74HC138），读信号（RD）和写信号（WR）通过“与非”逻辑接至 74HC138 的 E3 引脚。使用三个“与非”门的组合形成一个“或”逻辑（由于 1 片 74HC00 中包含 4 个“与非”门，因此不必额外增加 74HC32 以获得“或”逻辑），保证 74HC244 在 CS0 和 RD 同时有效时使能。

（4）电路调试。

1）数据扫描方式电路设计所用调试代码如下：

```
#include "C8051F020.h"                    //头文件
#include "absacc.h"
#include "Init_Device.c"

#define   DP1   XBYTE[0x0000]             //定义数码管地址
#define   DP2   XBYTE[0x0001]
#define   DP3   XBYTE[0x0002]
#define   DP4   XBYTE[0x0003]
```

```
#define   TIMER 0x8000                        //定义延时参数
#define   KEY_WR      XBYTE[0x0004]           //定义写地址，74HC273锁定
#define   KEY_RD      XBYTE[0x0005]           //定义读地址，使能74HC244
#define   linescan1   0xfe                    //定义4中扫描状态
#define   linescan2   0xfd
#define   linescan3   0xfb
#define   linescan4   0xf7
//显示码表
unsigned char table[] = { 0xC0,0xF9,0xA4,0xB0,
              0x99,0x92,0x82,0xF8,0x80,0x90 };
//显示函数
void display(unsigned char x, unsigned char y)
{
    DP3 = table[x];                           //在数码管3上显示x的值
    DP4 = table[y];                           //在数码管4上显示y的值
}
void main(void)
{
    unsigned  char l_val, r_val, r_state, temp, conter, x;

    Init_Device();                          //初始化单片机
    DP1 = DP2 = DP3 = DP4 = 0xff;           //熄灭4个数码管
    while (1)
    {
        //循环、依次写入4种扫描状态
        for (l_val = 1; l_val < 5; ++l_val)
        {
            switch (l_val)
            {
            case 1:  KEY_WR = linescan1; break;
            case 2:  KEY_WR = linescan2; break;
            case 3:  KEY_WR = linescan3; break;
            default: KEY_WR = linescan4;
            }
            r_state = ~KEY_RD & 0x1f;      //读取键盘状态并处理
                                           //若有键按下，则对应状态位为1
                                           //若无键按下，r_state为0

            if (r_state != 0)              //若有键按下，则进入
                //循环左移temp，查看按键列数
                for (conter = 1, r_val = 1, temp = 1; conter < 6;
                    ++conter, ++r_val, temp = temp << 1)
                    if ((r_state & temp) != 0)
                        display(l_val, r_val);     //行、列值显示
        }
    }
}
```

2）地址扫描方式电路设计所用调试代码如下。

```
#include "C8051F020.h"                    //头文件
#include "absacc.h"
#include "Init_Device.c"

#define   DP1   XBYTE[0x0000]             //定义数码管地址
#define   DP2   XBYTE[0x0001]
#define   DP3   XBYTE[0x0002]
#define   DP4   XBYTE[0x0003]
#define   TIMER 0x8000                    //定义延时参数
//显示码表
unsigned char table[] = { 0xC0,0xF9,0xA4,0xB0,
                 0x99,0x92,0x82,0xF8,0x80,0x90 };
//显示函数
void display(unsigned char x, unsigned char y)
{
    DP3 = table[x];                       //在数码管3上显示x的值
    DP4 = table[y];                       //在数码管4上显示y的值
}
void main(void)
{
    unsigned char l_val, r_val, r_state, temp, conter, x, c;
    int key;
    Init_Device();                        //初始化单片机
    DP1 = DP2 = DP3 = DP4 = 0xff;         //熄灭4个数码管

    while (1)
    {
        //设置读取地址，对应SCAN0为低状态
        key = 0x0004;
        //每次循环读取地址加 1 ，对应扫描状态改变
        for (x = 1; x < 5; x++, key++)
        {
            //进行读操作，读回当前扫描状态下键盘信息
            c = XBYTE[key];
            //处理读回数据，若有按键按下，则对应状态位为1
            r_state = ~c & 0x1f;
            //若无按键按下，r_state为0;若有按键按下，则进入
            if (r_state != 0)
            {
                //循环左移temp，查看按键列数
                for (conter = 1, temp = 0x01; conter < 6;
                    ++conter, temp = temp << 1)
                    if ((r_state & temp) != 0)
                    {
```

```
                    r_val = conter;          //将列数赋给r_val
                    l_val = x;               //将行数赋给l_val
                    display(l_val, r_val);  //行、列值显示
                }
            }
        }
    }
}
```

两个方案的调试代码运行结果相同：当阵列式键盘有键被按下时，数码管第 3 位、第 4 位分别显示当前被按下键的行、列值。

2.2.7 数/模转换模块

“数模转换”也就是我们常说的 D/A 转换，是指数字信号到模拟信号的转换过程。其中模拟信号可以是电压信号，也可以是电流信号；数字信号根据转换精度的不同可以是 8 位、16 位、24 位或更高位数的二进制数字。

2.2.7.1 设计要求

数/模转换电路位于单片机模块与驱动器模块之间，单片机会将对于半导体制冷片的控制量以 8 位二进制数字形式输出（0x00～0xFF），而驱动器接收信号的范围为-10～+10V 的电压信号，因此，数/模转换模块的功能是将单片机输出的、范围为 0x00～0xFF 的数字量，转换为-10～+10V 模拟电压量。

模/数转换模块的设计要求如下。

（1）输入数字量范围：0x00～0xff。

（2）输出电压：-10～+10V。

（3）响应时间：<1ms。

2.2.7.2 方案设计

常用数/模转换电路依据工作原理可分为并行数模转换和串行数模转换。

（1）并行数模转换：数/模转换芯片会基于参考电压的输入，利用电阻网络等形式，生成权电压或权电流；而输入的数字量用于控制一组开关，将需要的权电压或权电流进行累加，从而形成模拟量输出。所谓“权”，可以理解为二进制数每一位代表的数值。

（2）串行数模转换：首先将输入数字量转换为脉冲宽度或脉冲序列，然后利用积分器电路或累加方式将脉冲宽度或脉冲数量转换为与之对应的模拟量输出。

在本模块中选用 DAC0832 芯片作为模/数转换电路的主芯片。DAC0832 是一款 8 位乘算型电流输出芯片，具有 8 位接口，通过 WR 信号控制数据的写入，与 C8051 单片机数据口兼容，使用方便，能满足设计要求。

DAC0832 内部模拟量变换原理如图 2-36 所示，其中电阻网络的等效电阻为 R，从而可以计算出总电流为

$$I = \frac{V_{ref}}{R}$$

芯片的输出端为 I_{out1} 和 I_{out2}，其中，I_{out1} 的输出电流与数字量输入成正比，即

$$I_{out1} = \frac{V_{ref}}{R}\frac{DATA}{2^8}$$

而 I_{out2} 输出电流为总电流 I 减去 I_{out1}。

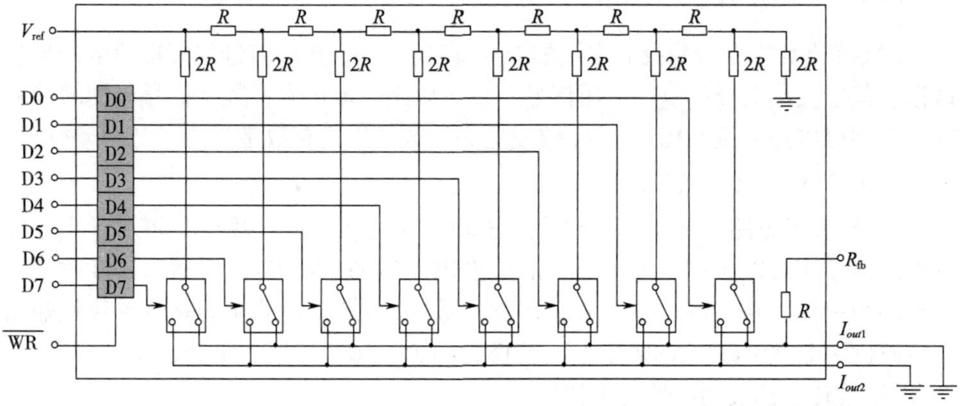

图 2-36　DAC0832 内部模拟量变换原理

数/模转换模块的输出要求为-10～+10 V 的电压值，而 DAC0832 的输出模拟量为电流形式，因此，还需要适当地放大电路以完成电流到电压的变换以及电压幅度的调整。

电流到电压的变换需要用到芯片内部的电阻 R_{fb}，其阻值为 R，与电阻网络等效电阻相同。

图 2-37 为 DAC0832 输出电流转电压电路，图中输出电压为

$$\begin{aligned} V_{out} &= -I_{out1}R \\ &= -\frac{V_{ref}}{R}\frac{DATA}{2^8}R \\ &= -V_{ref}\frac{DATA}{2^8} \end{aligned}$$

如果使用 DAC0832 内部自带的 5 V 参考源，则可得到 V_o 输出范围为：-5～0 V。

接下来，可使用加法器电路实现电压的平移和放大，在此不再赘述。

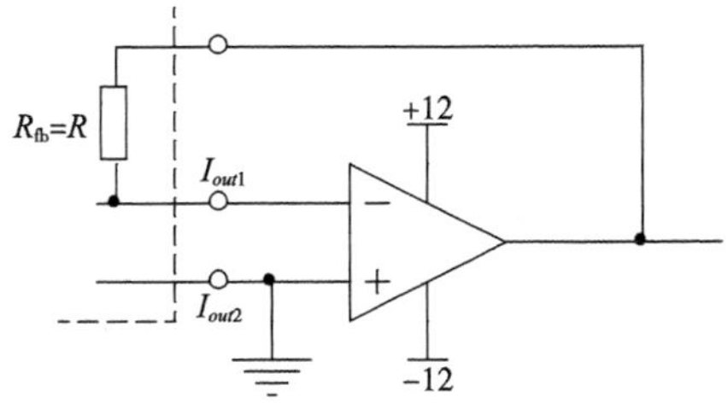

图 2-37 DAC0832 输出电流转电压电路

2.2.7.3 推荐电路

图 2-38 中 U1 为数/模转换芯片 DAC0832，其 DI7～DI0 作为数据接口与单片机数据总线 AD7～AD0 连接；WR 为单片机写信号，在数据从单片机写出时有效；CS 为选通信号，可从单片机模块中的 CS0～CS3 中选择。对于单片机而言，必须保证每一路 CS 信号只能对应一个总线上的外围电路。

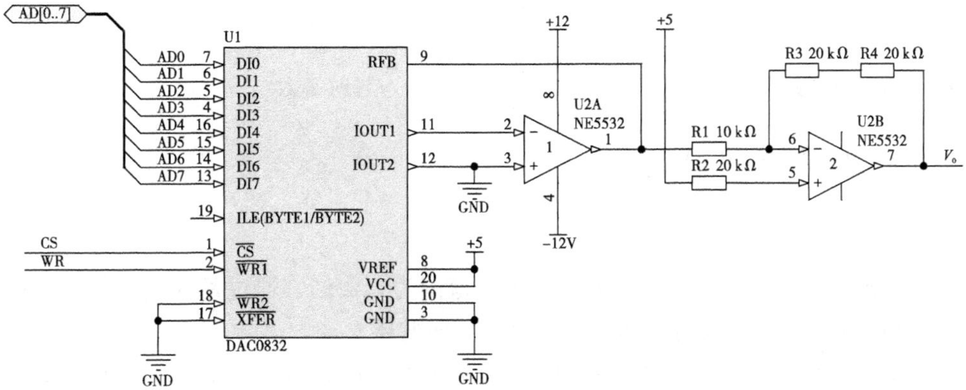

图 2-38 DAC0832 转换电路及放大电路

图中 U2A、U2B 为一片 NE5532 中的两个放大器，U2A 实现电流到电压的转换，U2B 实现电压的平移和放大。电路中 R1、R2、R3、R4 四个电阻控制电路的放大倍数和平移幅度，它们的数值可在保证比例关系不变的情况下进行调整。

经过 DAC0832 的数/模转换以及两级放大电路的信号变换，单片机模块输出的范围为 0x00～0xFF 的数字量变为 V_o 端输出的范围为 -10～+10 V 的电压信号。

2.2.7.4 模块调试

数/模转换模块调试程序如下。

```
#include "C8051F020.h"                         //头文件
#include "absacc.h"
#include "Init_Device.c"

#define   DAC     XBYTE[0x4000]                //定义DAC地址，
                                               //此处使用CS2选通
#define   TIMER   0x100                        //设置延时时长

void delay(void);                              //函数声明
void main(void)
{
    unsigned char x;
    Init_Device();                             //调用初始化函数
    while (1)
    {
        ++x;                                   //每次循环x加1
        DAC = x;                                   //将x数值写入DAC
        delay();                               //延时，等待DAC转换完成
    }
}

void delay(void)                               //延时函数
{
    unsigned int i;
    for (i = 0; i < TIMER; ++i);
}
```

代码中 x 为无符号字符型变量，数值范围为 0~255，通过每次循环加 1 的操作，则变量 x 会从 0 变至 255，并以此为周期循环。

运行此段调试代码，则可看到 V_{out} 输出周期锯齿波信号（见图 2-39），周期的长度与 delay( ) 函数中 TIMER 定义有关。读者可使用示波器对该信号进行观测，也可将 TIMER 定义为较大数字（由于变量 i 的类型为 unsigned int，TIMER 不可超过 65535），降低锯齿波频率，使用万用表观测电压变换。

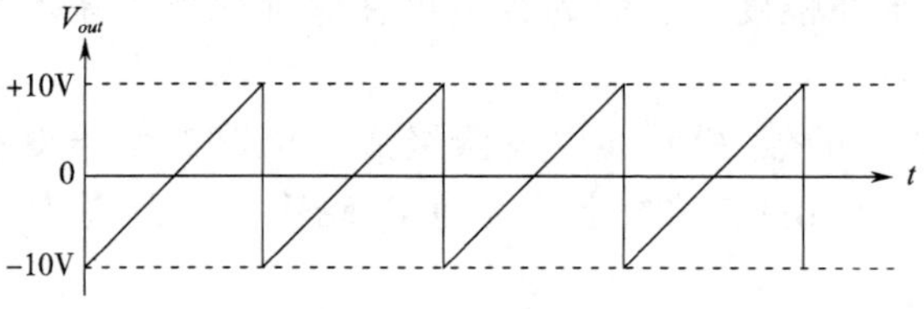

图 2-39　数/模转换模块在运行调试程序时输出波形

2.3　温度控制系统软件设计

在完成了各个模块的设计和调试工作后，读者已经掌握了各个功能模块的基本操作方式。而温度控制系统软件就是在协调各个模块工作的基础上，配合温度控制算法实现系统的总体要求。

通过对前面多段测试代码的学习和实践，读者应该对单片机的代码编写方式有了一定的认识。单片机程序编写比较直观，开发者可以通过程序的设计操作硬件进行相应的动作（如单片机引脚状态变换等）。但是，相较于操作系统层面上的程序设计而言，单片机的程序设计需要花费较多的精力在任务的安排和切换上。

2.3.1　程序子任务设计

一般来说，一个通过单片机实现的小型系统会包括多个子任务，例如，传感器读取、控制执行装置、人机交互、通信等。为了避免程序运行脱离控制，单片机程序主要代码一般会被控制在一个大循环中，系统的多个子任务就在这个循环中依照某种规则选择性运行。

结合本项目要求，可将温度控制系统的程序设计分为以下几个子任务：温度测量任务、温度显示任务、温度设置任务和温度控制任务。

根据子任务所实现功能的不同，可以分为经常性任务和专门任务。

（1）经常性任务常驻于任务流程中，不需要触发任何条件，每次循环均被执行。例如，本项目中的“温度测量任务”，无论系统当前处于何种运行状态，每次循环都会执行，通过读取模/数转换模块的数据指令，获取当前被控对象的温度。

（2）专门任务与经常任务不同，不会在每次循环中都被执行，而是在满足了某种条件或被某些事件触发后才会被选择性执行。比如，本项目中的“温度控制任务”，只有当“启动”温度控制后才会被执行。

图 2-40 为温度控制程序任务切换。

2.3.2　温度测量和显示任务

温度测量和显示任务功能较为简单，且执行条件一致，在本项目中可合并处理。

对于单片机模块而言，温度数据的来源是模/数转换模块。通过运行前面模/数转换模块的调试代码可知，单片机可从模/数转换模块读取到范围为 0x00～0xFF 的数值，而该数值（0x00～0xFF）对应的便是当前温度（0～100℃）。因此，温度测量任务非常简单，就是完成模/数转换数据（0x00～0xFF）到温度数据（0～100℃）的数据转换。

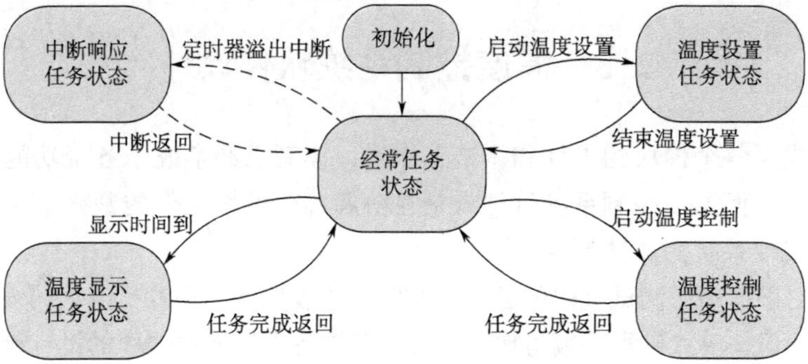

图 2-40　温度控制程序任务切换

温度显示功能则是将转换完成的温度数据进行十位和个位的分割（硬件设计预留两位数码管用于温度显示，显示数据范围支持 00~99），并通过码表获取数字字码，通过指定数码管显示。

2.3.3　温度设置任务

温度设置任务是指通过键盘功能输入“设置温度”数值，并通过显示模块显示输入内容的软件子任务。

在键盘模块的调试环节，已经可以通过代码实现输入按键的行列值获取和显示，但在系统设计软件中，仅仅显示按键的行列值是不够的，必须能够准确地获取按键所代表的数据。

系统中阵列式键盘如图 2-41 所示。在温度设置环节中，代码需要将获得键盘行列值转化为数字（行列值［1，1］转化为数字“0”；行类值［1，2］转化为数字“1”等），并进行存储和显示。

0	1	2	3
4	5	6	7
8	9	A	B
C	D	E	F

图 2-41　阵列式键盘

根据系统功能的要求，输入温度数据的范围为 00~99，因此输入数据过程中可能涉及数字十位、个位的切换问题。可以选择图 2-41 键盘中的“A”“B”“C”等非数字按键作为数位切换专用功能按键，实现数位切换功能。此外，输入模式进入和退出，温度控制的启动或停止等指令性操作也可通过“A”“B”“C”等按键实现。

2.3.4 温度控制任务

温度控制任务是指根据采集温度和设置温度等信息计算输出控制量的算法。此算法应能保证被控对象的温度快速、平稳地到达设定值，并使系统稳定运行于设定值误差范围内。控制过程如图 2-42 所示，图中，T_{obj} 为当前目标温度，T_{set} 为设置温度，t_0 为启动控制时间。

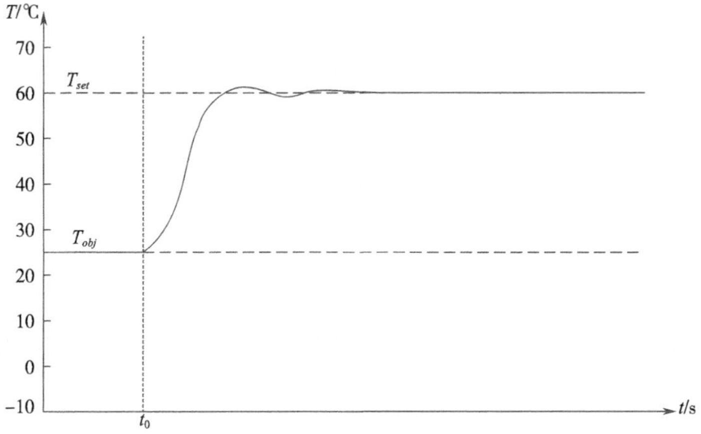

图 2-42 温度控制过程

常用的传统控制算法有乒乓算法、PID 算法等。读者可根据自己的背景知识，结合任务需要自行选择。

2.3.5 程序主流程设计

与操作系统下的程序设计不同，单片机程序设计者需要花费较多精力实现各个功能子任务的调度和协调。在本项目中，程序主流程设计就是通过代码实现“温度测量”“温度显示”“温度控制”“温度设置”等软件子任务的调度。

由于代码设计存在着很大的灵活性，此处只给出一种设计思路，如图 2-43 所示。读者当然也可以根据自己对于任务需要的理解自行设计主任务流程，并自行完成代码编写。

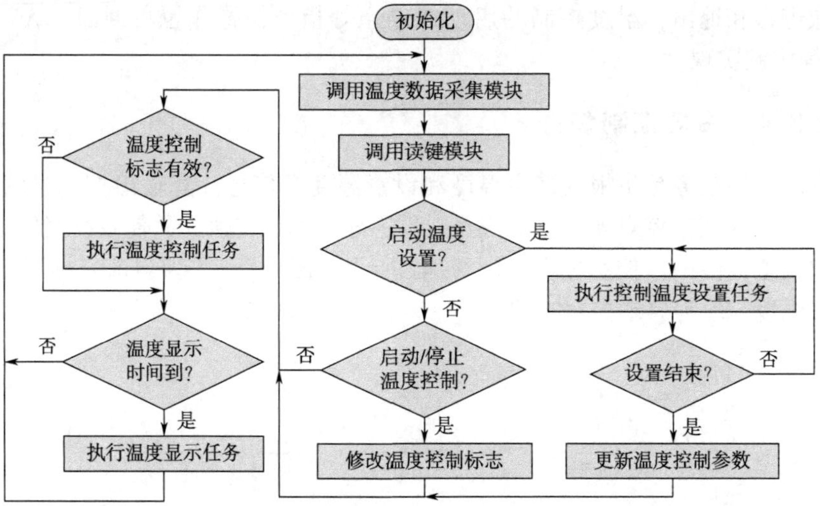

图 2-43　主流程设计流程图

练习题

1. 本章所设计的温度控制系统主要包含了哪些模块？如何通过框图形式描述本系统中各个模块的相互关系？

2. 线性稳压电源与开关稳压电源由哪些主要区别？二者分别具有哪些优、缺点？

3. LM7805、LM7812、LM7912 的输出电压分别是多少？

4. AD592 作为一款温度传感器，它的输出信号有什么特点？

5. 变送器或者调理电路在整体系统中起到了什么作用？

6. 在设计变送器模块时，电压平移方案电路（图 2-13）中左侧放大器的作用是什么？若删掉此放大器电路是否还能正常工作？

7. 乙类放大器中的“死区”指的是什么？使用什么办法可以减小“死区”带来的影响？

8. 驱动器电路（见图 2-16）中的 Q2 和 Q4 如何起到对于电路的保护作用？

9. “全地址译码”“部分地址译码”“直接选择译码”有什么区别？

10. 在单片机 C51 语言中，XBYTE 关键字起到了什么样的作用？

11. 模/数转换器根据转换原理可以分为哪些种类？不同种类的模/数转换器分别具有什么特点？

12. 模/数转换芯片的参考电压（$V_{ref}/2$ 引脚）具有何种作用？接入不同电压值时，芯片的输出有何变化？

13. MCS-51 单片机的 ALE 信号的时序与数据总线和地址总线有什么关系？通过什么手段可以实现 MCS-51 单片机的“数据信号、地址信号分离”？

14. 除了本章节系统中使用的数码管和键盘外，当前还要何种技术手段可以实现操作者和计算机之间的信息交互？

15. 矩阵键盘控制方案与直读式键盘方案相比存在哪些有优势？若要实现计算机 108 键盘的控制，应选取哪种方案？

16. 若 DAC0832 芯片的 V_{ref} 引脚接入 2.5V 电压，若内部电阻为 15kΩ，此时输入数据为 0x80，则 I_{out1} 输出电流应为多少？

3 C8051 接口应用及功能扩展

3.1 任务描述

C8051F 系列单片机采用传统 8051 单片机架构，外围接口部分除了保留 8 位数据并口（AD0~AD7）和 16 位地址总线外，还扩展了大量的外围设备和接口，如：ADC、DAC、I^2C 接口、SPI 接口等。通过这些接口，C8051F 系列单片机可以方便地扩展很多功能，大大地扩展了单片机的应用场景。

在本项目中，利用 C8051F023 单片机中的外设资源对原有温度控制系统的功能进行扩展，增加数据记录功能、实时时钟以及打印功能，主要完成以下内容。

（1）数据记录功能可将一定数量的关键数据进行长时间保存，即使系统处于掉电状态，数据也不会丢失，在系统电力恢复后，通过程序可将数据读回。例如，使用数据记录功能可将某些设备使用次数、传感器标定系数等基础数据进行长时间保存。可选择 EEPROM 等非易失存储器实现数据的长久保存，如 AT24C02、AT24C64 等。本项目中使用 C8051F 系列单片机中的 I^2C 总线接口，对 AT24C64 芯片进行控制，实现数据的写入、读取和长久保存等功能，使用户可以通过键盘操作的方式实现数据的写入，并在系统重新上电启动后读取 AT24C64 中保存的数据。

（2）打印功能为系统扩展微型打印机接口并驱动微型并口热敏打印机，实现针对本温度控制系统中温控数据和曲线的打印功能。打印内容包括但不限于：设定温度数据、当前温度数据、当前时间以及控制温度曲线等。打印格式支持中、英文内容及图表。

（3）实时时钟扩展为温度控制系统，增加实时时钟模块，使得系统具备定时、延时等功能。实时时钟可通过键盘设定，当前时间可通过数码管显示，可通过键盘对于温控启停进行定时及延时等设置。

3.2 任务分析

本任务涉及三方面的“子任务”，分别为数据记录、实时时钟以及打印功能。这三个子任务在保持原有温度控制功能不变的情况下，作为扩展功能添加至系统中。

从开发角度考虑，这三个子任务，涉及的硬件搭建及程序设计相对独立，也没有相互之间的前置条件（虽有部分功能存在交叉内容，如打印时间信息等，但只需在应用层代码进行融合即可实现），因此，在设计开发过程中，可针对三个子任务独立开展设计工作，分别完成各部分的硬件设计和“驱动”代码设计。

在完成硬件和“驱动”代码设计后，可以对应主程序框架以及功能应用场景，在“应用层”代码适当位置调用“驱动”代码并给定入口参数，从而实现任务的功能要求。

3.3 数据记录功能扩展子任务

3.3.1 子任务描述及分析

在本子任务中，要求使用 EEPROM 器件实现温度控制系统数据记录功能，保证系统在掉电的情况下数据存储准确、可靠。存储数据的内容可以为标定系数、控制参数等。

EEPROM 器件可选择 24C64 芯片，该芯片具备 64 Kbit（8 KB）的存储空间，允许重写次数超过百万次，同时具备 I^2C 接口，便于单片机的操作。目前，很多厂家生成 24C64 芯片（由于厂家不同，芯片前缀会有所区别，如 ST 的 M24C64、ATMEL 的 AT24C64、FAIRCHILD 的 FM24C64 等），该芯片性能、引脚及操作方法基本相同，均可替换使用。

开发过程中，可在完成 I^2C 接口硬件电路连接的基础上，分步实现 24C64 芯片操作代码设计。由于 24C64 芯片使用 I^2C 接口和单片机通信，开发过程中首先通过 C8051F 单片机中寄存器设置，实现单片机上 I^2C 主设备接口设置；然后针对 24C64 芯片的操作规范，编写“驱动”函数，实现 24C64 芯片数据的读、写基本操作；最后可针对整体控制系统软件框架及需要读、写的数据内容，在“应用层”代码中调用“驱动”函数，实现标定系数、控制参数等数据的读、写操作。

3.3.2 知识链接

3.3.2.1 AT24C64 芯片介绍

EEPROM 是“Electrically Erasable Programmable Read Only Memory”（电擦除可编程只读存储器）的缩写。EEPROM 和 EPROM 一样可以在掉电的情况下长时间保存数据，所不同的是，EEPROM 可以通过电子的方式实现擦除和重写。

24Cxx 系列器件是使用 I^2C 总线控制的 EEPROM 器件，包括 24C16、24C32、24C64 等，其中的 16、32、64 表示的是存储空间的大小分别为 16KB、32KB、64KB。

（1）具备 I²C 总线接口（SDA、SCL）。

（2）A0、A1、A2 为地址配置端口，通过配置地址最多可允许 8 个芯片级联。

（3）WP 引脚实现“写保护”功能。

（4）可工作于 5 V 电压模式，同时具备低电压版本，可分别工作于 2.7 V、2.5 V、1.8 V 电压下。

（5）本任务使用 AT24C64（见图 3-1）芯片实现数据存储。

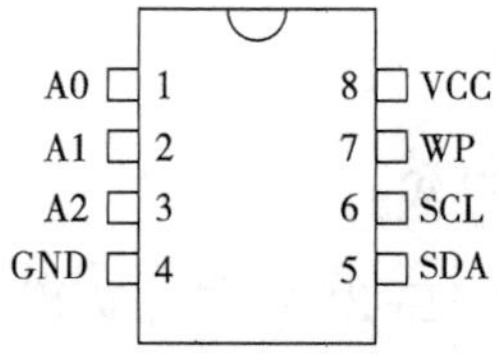

图 3-1　AT24C64 芯片引脚

3.3.2.2　I²C 总线标准

I²C（Inter-Integrated Circuit）总线，最早是由飞利浦（Philips）公司开发的一种双向、同步总线标准，目前最新的 I²C 标准是 2014 年 4 月发布的第六版。

I²C 总线具有如下特点。

（1）硬件方面，I²C 总线（见图 3-2）只包含两个通信线：数据线（SDA）和时钟线（SCL）。这就大大简化了对于印刷线路板设计的复杂度，同时也节省了 PCB 板的空间面积，降低了成本。需要注意的是，SDA 和 SCL 采用集电极开路设计，使用过程中，需要对其进行上拉处理。

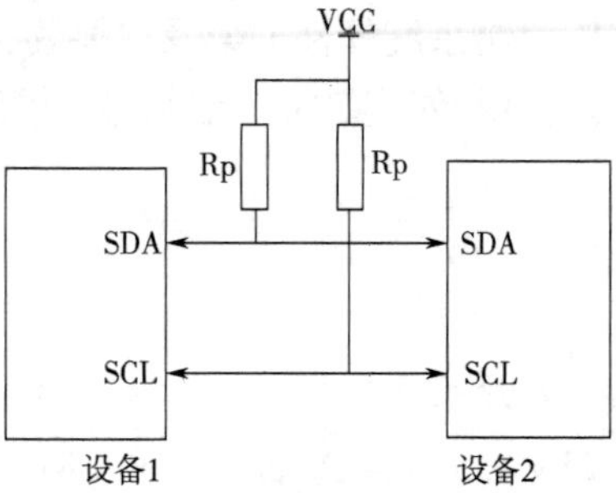

图 3-2　I²C 总线设备连接图

（2）I²C 总线上的设备均可作为主设备或从设备进行通信，每个设备配置唯一地址，可将地址视为该设备在总线中的 ID。在常规应用中，我们通常将 CPU

设置为 I²C 总线的主设备，把其他挂载到总线的器件视为从设备。

（3）I²C 总线具有较强的抗干扰能力，且功耗很低。在增加总线驱动的情况下，I²C 总线通信距离达到米级甚至更远，这使得 I²C 总线可以适应板间通信等更多的场景。当然，通信距离的增加意味着需要适当降低通信的速率。

3.3.2.3 I²C 总线数据帧格式

每一个 I²C 数据帧包含起始信号、从机地址、方向信号、数据、应答 ACK、停止信号等部分（见图 3-3）。

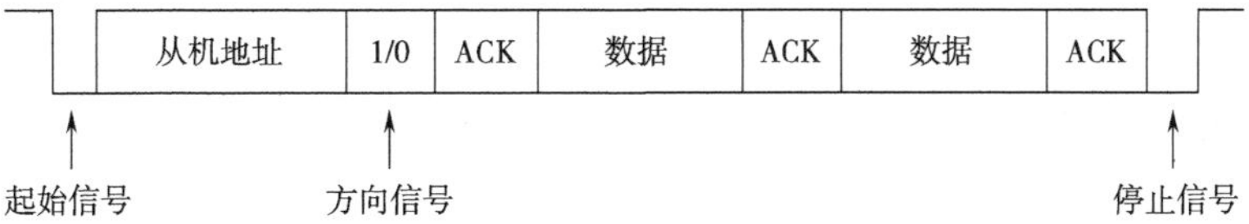

图 3-3 I²C 数据帧

（1）从机地址：7 位地址，由主机发送，指明通信对象。

（2）方向信号：0 表示主机发送数据，1 表示主机接收数据。

（3）数据：I²C 总线数据以 8 个字节为单位传输，发送过程中，先发送最高位（MSB），每发送完成一字节要跟随一位应答位（ACK）。

（4）应答 ACK：ACK 为应答位，由接收方发出。当地址或数据被正常接收时，接收方发送应答信号 ACK；当地址或数据未被正常接收时，则接收方发出非应答信号 NACK。

3.3.3 任务实施应用开发

在了解了 I²C 总线及 24C64 芯片的基本情况后，我们针对温度控制系统的数据记录功能展开设计开发工作。设计开发工作主要分为硬件设计、驱动代码设计以及应用代码设计等。

3.3.3.1 数据记录功能硬件设计

前面已经提到单片机使用 I²C 接口对 24C64 进行读、写操作，且 I²C 接口硬件设计非常简洁，因此，硬件设计主要围绕 24C64 展开。

参考 AT24C64 的器件手册（见图 3-4），实现以下硬件设计。

（1）使用 C8051F023 CORE 的 1 引脚（P0.0/SDA）和 2 引脚（P0.1/SCL）连接 AT24C64 芯片 SDA 和 SCL 引脚，其中 C8051F023 CORE 的 1、2 引脚是从 C8051F023 芯片 55、54 引脚引出的，此二引脚可通过交叉开关配置为 I²C 总线接口。

（2）AT24C64 芯片的 A0、A1、A2 为地址配置端，可通过上拉或下拉的操

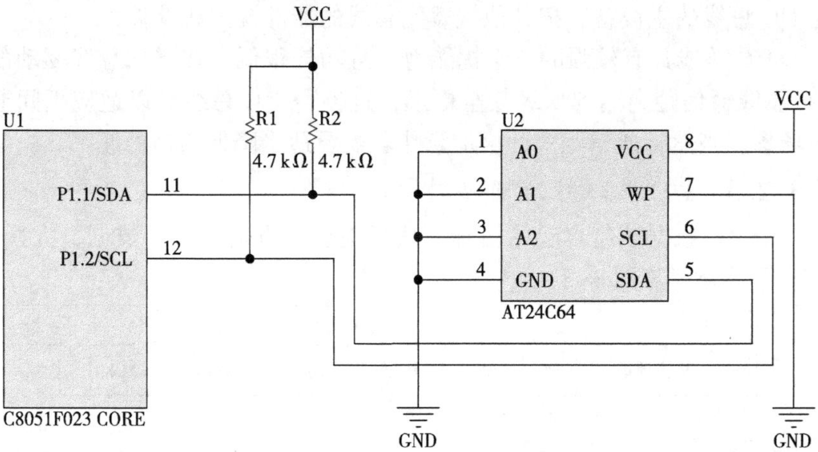

图 3-4 AT24C64 参考设计

作为芯片配置总线地址。在本任务中，I^2C 总线中只存在单片机和 AT24C64 芯片两个设备，因此可将 A0、A1、A2 接地，将芯片地址配置为 0。

（3）AT24C64 的 WP 引脚为写保护端，将该引脚接地，允许写操作。

（4）图 3-4 中 R1、R2 为上拉电阻，可选阻值为 4.7 kΩ 的电阻实现。

在这里需要特别指出的是，C8051F02x 系列芯片中，并没有明确的 I^2C 接口，取而代之的是 SMBus 接口。SMBus 最早是由英特尔（Intel）公司提出的，其与 I^2C 接口标准在电气特性、时序要求等方面有着一些微小差别，但在大多数应用场景下，两者均能实现互联工作。鉴于 C8051F02x 芯片中使用的是 SMBus 标准，在之后的表述中涉及 C8051F02x 芯片的内容，均以 SMBus 表述该接口；涉及 24C64 芯片的部分，均以 I^2C 表述该接口。

3.3.3.2 数据记录功能驱动代码设计

在完成了 AT24C64 芯片的硬件设计后，我们就可以开始编写程序代码，实现所需功能。首先编写 24C64 芯片的驱动代码实现基本读、写操作，再根据任务功能需求，在应用代码中实现相应数据的保存和提取。

编写驱动代码可从两个层面展开工作：①C8051F023 芯片 SMBus 接口控制寄存器；②符合 24C64 通信帧格式的读、写操作代码。

（1）SMBus 接口控制寄存器。C8051F02x 系列芯片内部带有 SMBus 的控制器，因此只需要针对 SMBus 的特殊功能寄存器进行正确配置，即可实现 SMBus 接口的操作。

首先需要通过交叉开关的设置，将 SMBus 的接口配置到硬件设计中使用的相应引脚。交叉开关的配置方法在前面章节已经讲解，在此不再赘述。

对于 SMBus 接口的访问和控制通过以下 5 个特殊功能寄存器实现。

1）SMBus 控制寄存器（SMB0CN，见图 3-5）。

只读	读写	读写	读写	读写	读写	读写	读写
BUSY	ENSMB	STA	STO	SI	AA	FTE	TOE
位7	位6	位5	位4	位3	位2	位1	位0

图 3-5　SMB0CN（地址：0XC0）

①位 7。BUSY：忙状态标志。

0：SMBus 空闲。

1：SMBus 忙。

②位 6。ENSMB：SMBus 使能位。

0：禁止 SMBus。

1：使能 SMBus。

③位 5。STA：SMBus 起始标志。

0：不发送起始标志。

1：当作为主器件时，且总线处于空闲状态，发送起始标志。

④位 4。STO：SMBus 停止标志。

0：不发送停止标志。

1：发送一个停止条件。

⑤位 3。SI：SMBus 中断标志。

在 SMBus 被中断允许的情况下，若产生中断则该位被置为 1，且单片机转向 SMBus 的中断服务程序。该位不能硬件自动清零，必须通过软件清零。

⑥位 2。AA：SMBus 确认标志。

0：在应答周期内返回“非确认”信号（SDA 线高电平）。

1：在应答周期内返回“确认”信号（SDA 线低电平）。

⑦位 1。FTE：SMBus 空闲定时器使能。

0：无 SCL 高电平超时。

1：当 SCL 高电平时间超过设定值，发生超时；设定值由 SMB0CR 设定。

⑧位 0。TOE：SMBus 超时使能。

0：无 SCL 低电平超时。

1：当 SCL 低电平时间超过设定值，发生超时；设定值由 SMB0CR 定义。

在本任务的应用场景下，特殊功能寄存器 SMB0CN 需要在 SMBus 的初始化代码中被写入 0x40：使能 SMBus 接口；在 SMBus 的接口操作中，通过读取 BUSY 位判断总线状态；使能 SMBus 的中断，通过操作 SI 位控制总线数据的读、写。

2）SMBus 时钟速率寄存器——SMB0CR。SMB0CR 寄存器用于设置 SMBus 的时钟速率。SMB0CR 中的 8 位无符号数值为定时器预装值，该定时器向上计数，当定时器溢出时，时钟信号 SCL 改变状态。计算公式为：

$$T_{\text{LOW}} = \frac{256 - \text{SMB0CR}}{\text{SYSCLK}}$$

$$T_{\text{HIGH}} \approx \frac{258 - \text{SMB0CR}}{\text{SYSCLK}} + 625\text{ns}$$

式中，SYSCLK 为系统时钟。

在本任务中，系统时钟为 11.059 2 MHz，可以在 SMBus 初始化代码中将 SMB0CR 的值设置为 0xCD。

3）SMBus 地址寄存器（SMB0ADR，见图 3-6）。

读写	读写	读写	读写	读写	读写	读写	读写
SLV6	SLV5	SLV4	SLV3	SLV2	SLV1	SLV0	GC
位7	位6	位5	位4	位3	位2	位1	位0

图 3-6　SMB0ADR（地址：0xC3）

①位 7~位 1。SLV6~SLV0：SMBus0 从地址。

SLV6~SLV0 位用于设置本设备从地址。当单片机工作在从设备方式时，会应答针对该地址的请求。

②位 0。GC：全局呼叫地址（0x00）相应使能。

0：使能全局呼叫响应。

1：禁止全局呼叫响应。

本任务中，单片机作为总线主设备工作，因此该寄存器可以不必设置。

4）SMBus 数据寄存器——SMB0DAT。SMB0DAT 为 8 位数据寄存器，地址为 0xC2，用于保存准备发送到总线的数据字节，或从总线接收的数据字节。

程序可将准备发送的数据字节写入该寄存器，也可从该寄存器读取从总线接收的数据字节。读、写前需要判断 SI 标志（SMB0CN 的位 3），若为 1，则可进行读、写操作；若为 0，表明此时 SMBus 控制器正在处理该寄存器的数据，不允许读、写操作。

5）SMBus 状态寄存器（SMB0STA，见图 3-7）。

读写	读写	读写	读写	读写	读写	读写	读写
STA7	STA6	STA5	STA4	STA3	STA2	STA1	STA0
位7	位6	位5	位4	位3	位2	位1	位0

图 3-7　SMO0STA（地址：0xC1）

①位 7～位 3。STA7～STA3：SMBus0 状态代码。

这五位数据组成 SMBus 的状态代码。SMBus 的状态代码共 28 种，这 28 种状态代码指明当前 SMBus 的工作状态，如："起始条件已发出""数据字节已发出且收到 ACK"等。

这些状态代码只在 SI 标志为 1 时有效，在 SI 标志为 0 时，这些标志位无意义。

②位 2～位 0。STA2～STA0。

在 SI 为 1 时，该 3 位读出数据为 0。

该寄存器主要用于描述 SMBus 总线的工作状态，共分 28 种，读者有兴趣可参考手册查看 28 种状态的具体描述。这 28 种状态主要描述 SMBus 总线在传输过程中的步骤，而在简单应用中，用户程序只关注数据发送及接收的结果，因此该寄存器一般在需要关注总线运行过程的应用场景中被使用。SMBus 状态示例见表 3-1。

表 3-1　SMBus 状态示例

工作方式	状态码	SMBus 状态
主发送器/主接收器	0x08	起始条件已发出
主发送器	0x28	数据字节已发出，收到 ACK
主接收器	0x50	数据字节已收到，ACK 已发出
从接收器	0x80	数据字节已收到，ACK 已发出
从发送器	0xB8	数据字节已发出，收到 ACK

至此，我们已经梳理了 C8051F02x 芯片中 SMBus 总线控制的相关寄存器，通过配置和操作这些寄存器，程序可以完成对于 SMBus 总线的操作。在此基础之上，想要实现对于 AT24C64 芯片的读、写操作，还需了解 AT24C64 的读、写操作流程。因此，下面对于 AT24C64 的读、写流程进行简单介绍。

（2）AT24C64 读、写数据操作。

1）AT24C64 写数据操作。AT24C64 的写数据操作流程如图 3-8 所示。

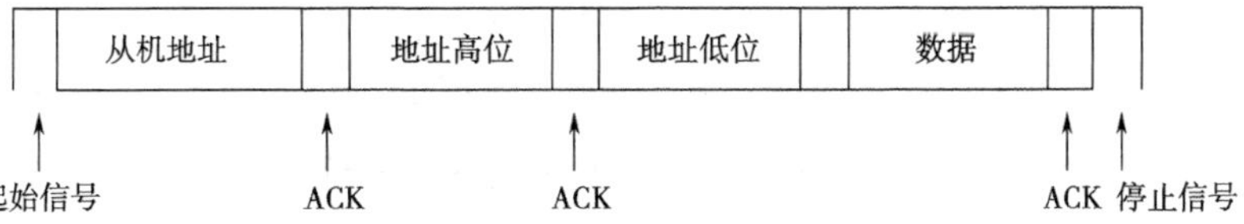

图 3-8　AT24C64 的写数据操作流程

当总线处于空闲状态时，单片机首先发送起始信号，然后发送从机地址。从机地址格式如图 3-9 所示。

从机地址							
1	0	1	0	A2	A1	A0	R/W

图 3-9　从机地址

①高 3 位的“1010”为强制格式，必须按照此样式填写。

②A2、A1、A0 为从机地址，由 AT24C64 的 A2、A1、A0 三个引脚的配置确定，根据本任务硬件设计，此 3 位均为 0。

③R/W 位指明主机发起的此次请求是进行读操作还是写操作，0 代表写操作，1 代表读操作。

“地址高位”和“地址低位”字节组合代表 AT24C64 中需要进行读、写操作的字节地址。由于 AT24C64 的存储容量为 8 KB，地址空间为 0x0000 ~ 0x1FFFF，所以地址高位字节中的高 3 位未被使用。

“数据”位置需要写入 AT24C64 的字节数据内容。

2）AT24C64 读数据操作。读数据操作，相较于写数据操作略复杂，读数据操作需要先执行总线的写数据操作，将需要读取的存储地址写入 AT24C64，然后执行总线读数据操作，获取字节数据内容。

通过图 3-10 可以看出，读数据操作可分为两步：第一步主机进行写数据操作，向 AT24C64 写入地址信息，此时 R/W 位为 0（写标志）；第二步主机发起读数据操作，R/W 位为 1（读标志），AT24C64 则会根据之前写入的地址信息，反馈该地址内的字节数据内容。

其中，“从机地址”“地址高位”“地址低位”的定义和格式同写数据流程中的描述一致，“数据”为 AT24C64 反馈的该地址中的数据。

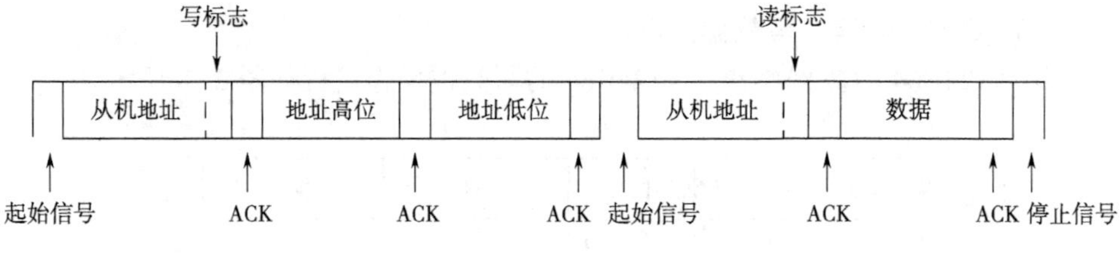

图 3-10　AT24C64 的读数据操作流程

3）AT24C64 读、写驱动代码。SMBus 的初始化代码可参考 SMBus_ Init 函数，其中，SMB0CR 寄存器设置总线通信的速率，用户可根据实际情况进行调整。另外，在 SMBus 初始化代码之前，应先通过交叉开关完成对于 SMBus 的引脚配置。

```
//SMBus初始化函数
void SMBus_Init(void)
{
    SMB0CN = 0x40;                    //SMBUS使能，应答有效
    SMB0CR = 0xcd;                    //定义总线时钟频率
}
```

eeprom_ write 和 eeprom_ read 函数为 AT24C64 芯片写入和读取字节数据的函数，形参 addr_ rom 为写入或读取数据的地址，data_ buf 为字节数据内容。

代码中虽未读取 SMB0STA 在传输过程中的状态变化，但注释部分指明了每步操作对应 SMB0STA 寄存器的状态码，有兴趣的读者可修改代码，读取 SMB0STA 寄存器，查看状态码信息。

```
//24c64数据写入函数，addr_rom为数据存放地址，data_buf为存储的数据
void eeprom_write(unsigned int addr_rom, unsigned char data_buf)
{
    unsigned char idata temp;
    while (BUSY == 1);            //总线空闲测试
    STO = 0;                      //清除停止条件
    STA = 1;                      //置位起始条件

    while (SI == 0);              //中断标志SI置位后可读到(0x08)
                                  //起始条件已发出状态码
    STA = 0;                      //清除起始条件
    SMB0DAT = 0xa0;               //器件从地址+W码写入发送缓冲器
    SI = 0;                       //清除中断标志SI，启动数据发送操作

    while (SI == 0);              //中断标志SI置位后可读到(0x18)
                                  //从地址+W已发出，收到ACK状态码
    temp = addr_rom >> 8;         //取出数据访问地址高8位
    SMB0DAT = temp;               //数据访问地址高8位写入发送缓冲器
    SI = 0;                       //清除中断标志SI，启动数据发送操作

    while (SI == 0);              //中断标志SI置位后可读到(0x28)
                                  //数据字节已发出，收到ACK状态码
    temp = addr_rom & 0xff;       //取出数据访问地址低8位
    SMB0DAT = temp;               //数据访问地址低8位写入发送缓冲器
    SI = 0;                       //清除中断标志SI，启动数据发送操作

    while (SI == 0);              //中断标志SI置位后可读到(0x28)
```

```
                                        //数据字节已发出，收到ACK状态码
    SMB0DAT = data_buf;                 //数据写入发送缓冲器
    SI = 0;                             //清除中断标志SI，启动数据发送操作

    while (SI == 0);                    //中断标志SI置位后可读到(0x28)
                                        //数据字节已发出，收到ACK状态码
    STO = 1;                            //置位停止条件
    SI = 0;                             //清除中断标志SI，启动停止条件发送操作
    delay1(1800);                       //延时，等待数据写操作完成
}

//24c64数据读取函数，addr_rom为数据存放地址
unsigned char eeprom_read(unsigned int addr_rom)
{
    unsigned char temp;
    unsigned char y = 0;
    unsigned char num;
    while (BUSY == 1);              //总线空闲测试
    STO = 0;                        //清除停止条件
    STA = 1;                        //置位起始条件

    while (SI == 0);                //中断标志SI置位后可读到(0x08)
                                    //起始条件已发出状态码
    STA = 0;                        //清除起始条件
    SMB0DAT = 0xa0;                 //器件从地址+W码写入发送缓冲器
    SI = 0;                         //清除中断标志SI，启动数据发送操作

    while (SI == 0);                //中断标志SI置位后可读到(0x18)
                                    //从地址+W已发出，收到ACK状态码
    temp = addr_rom >> 8;           //取出数据访问地址高8位
    SMB0DAT = temp;                 //数据访问地址高8位写入发送缓冲器
    SI = 0;                         //清除中断标志SI，启动数据发送操作

    while (SI == 0);                //中断标志SI置位后可读到(0x28)
                                    //数据字节已发出，收到ACK状态码
    temp = addr_rom & 0xff;         //取出数据访问地址低8位
    SMB0DAT = temp;                 //数据访问地址低8位写入发送缓冲器
    SI = 0;                         //清除中断标志SI，启动数据发送操作

    while (SI == 0);                //中断标志SI置位后可读到(0x28)
                                    //数据字节已发出，收到ACK状态码
    STA = 1;                        //再次置位起始条件
    SI = 0;                         //清除中断标志SI，启动起始条件发送操作

    while (SI == 0);                //中断标志SI置位后可读到(0x10)
                                    //重复起始条件已发出状态码
    STA = 0;                        //清除起始条件
    SMB0DAT = 0xa1;                 //器件从地址+R码写入发送缓冲器
    SI = 0;                         //清除中断标志SI，启动数据发送操作

    while (SI == 0);                //中断标志SI置位后可读到(0x40)
```

```
                                    //从地址+R已发出，收到ACK状态码
    SI = 0;                         //清除中断标志SI，准备接收数据操作

    while (SI == 0);                //中断标志SI置位后可读到(0x58)
                                    //数据字节已收到，NACK已发出状态码
    STO = 1;                        //置位停止条件
    SI = 0;                         //清除中断标志SI，启动停止条件发送操作

    num = SMB0DAT;                  //读取接收缓冲器中的数据
    return (num);                   //将接收的数据返回调用函数
}
```

3.3.3.3 数据记录功能应用代码设计

前面小节实现了面向 24C64 芯片的字节数据读、写驱动程序编写，用户调用相应函数即可轻松实现以字节为单位的数据读、写操作。

本任务要求：在温度控制系统应用中，对于某些数据（如：标定系统、上次温度设定、时间设定等）实现长时间保存的功能。

针对这个应用需求，可结合原有温度控制系统代码架构，定义满足数据要求的变量空间，在代码的适当位置分别调用 24C64 芯片写函数和读函数，将必要信息持久保存，并在需要时提取。此部分应用层代码在此不予赘述，读者可自行根据功能需要，对原有温度控制系统代码进行升级改造。

3.4 数据打印功能扩展子任务

3.4.1 子任务描述及分析

微型打印机通常指打印纸张宽度小于 84mm 的小型打印装置，一般采用针式或热敏方式实现数据打印，可通过计算机、手机、单片机等多种设备进行控制。

微型打印机经常出现在我们的日常生活中，比如，乘坐出租车时，司机为乘客打印的收据；超市购物结账时打印的购物清单；电影院自助购票机上打印的电影票等。

在本子任务中，为温度控制系统增加打印功能，通过微型热敏打印机实现设定温度、测量温度、当前时间以及温控曲线的打印。

选择 SPRT-POS58 并口微型打印机作为打印设备，其适配宽度为 57.5 mm 的热敏打印纸，有效打印宽度 48 mm，打印密度为 8 点/mm，打印速度约为 75mm/秒。此打印机接口形式为 DB25 芯插座，数据接口为 8 位并口。

结合温度控制系统硬件设计，可将微型打印机 8 位数据并口接入 AD0 ~ AD7 总线中，设计选通信号使能打印机，实现数据传输；代码设计中增加打印任务，

实现打印基本功能，并通过键盘启动、停止打印操作；打印数据内容来源于温控数据，如当前温度、设定温度、打印时间等。

3.4.2 知识链接

3.4.2.1 ESC 命令集

ESC 命令集是 ESPON 公司推行的一种打印控制命令集，它是主控设备和微型打印机之间沟通的标准“语言”。由于早年 ESPON 在针式打印机领域的领军地位，使得 ESC 命令集迅速被市场接受，几乎成了通用标准。目前市场上的微型打印机，无论是针式打印机还是热敏打印机几乎全部支持 ESC 打印命令集。除此之外，主流的打印命令集还包括惠普公司的 PCL 命令集、Adobe 公司的 PostScript 命令集等，但这些命令集的应用场景与本任务有所不同。

ESC 命令大多数以“ESC”的 ASCII 码为起始（也有个别例外），后面跟随以 ASCII 码字符序列表示的命令内容及参数。

3.4.2.2 ESC J n：打印并走纸

格式：ASCII 表示　　ESC J n

十六进制表示　　1B 4A n

十进制表示　　27 74 n

描述：打印缓冲区数据并走纸 n 个移动单位。

3.4.2.3 ESC ! n：选择打印模式

格式：ASCII 表示　　ESC ! n

十六进制表示　　1B 21 n

十进制表示　　27 33 n

描述：n 值代表打印模式。

3.4.2.4 LF：打印并走纸一行（该命令并不以“ESC”起始）

格式：ASCII 表示　　LF

十六进制表示　　0A

十进制表示　　10

描述：打印数据缓冲器内数据并按照当前行间距走纸一行。

3.4.3 任务实施应用开发

本任务较为简单，其重点在于根据微型打印机并口原理实现可靠的数据通信以及应用 ESC 命令实现打印控制。

3.4.3.1 数据打印功能硬件设计

根据 SPRT-POS58 并口微型打印机技术手册描述，其引脚定义见表 3-2。

表 3-2　SPRT-POS58 并口微型打印机引脚定义

引脚号	信号名称	方向	说明
1	/STB	入	选通触发，上升沿时读入数据
2	DATA1	入	8 位数据位，高电平为逻辑“1”，低电平为逻辑“0”
3	DATA2	入	
4	DATA3	入	
5	DATA4	入	
6	DATA5	入	
7	DATA6	入	
8	DATA7	入	
9	DATA8	入	
10	/ACK	出	回答脉冲，“低”电平表示数据已被接收且打印机准备好接收下一数据
11	BUSY	出	“高”电平表示打印机正“忙”，不能接收数据
12	PE	出	“高”电平表示打印纸用尽
13	SEL	出	经电阻上拉“高”电平，表示打印机在线
15	/ERR	出	经电阻上拉“高”电平，表示打印机无故障
14、16、17、19	NC	—	未用
18、20~25	GND	—	地

注：“方向”以打印机为主体表示。“入”表示输入打印机，“出”表示从打印机输出。

分析打印机并口定义可知，在保证 DATA1~DATA8 数据连接的基础上，控制/STB 和 BUSY 信号即可实现基本的打印功能。其他引脚控制信号，用户可根据需求自行添加控制。

使用 C8051F023 CORE 模块数据地址总线（AD0~AD7）作为 8 位数据接口，与微型打印机（SPRT-POS58）的数据接口（DATA1~DATA8）连接，搭建打印数据传输通道。

根据 C8051 单片机时序规范，写操作周期中，WR 信号在 AD0~AD7 进行数据输出时，会产生一个上升沿。此特性与 STB 信号要求一致，因此可将 WR 信号作为“写入触发”信号，接入 STB 端。

此外，在打印机的程序控制过程中，需要通过检测 BUSY 端状态，判读打印机是否处于“忙”状态（BUSY 为“低”，表示打印机空闲，可接收数据；BUSY 为“高”，表示打印机忙，不接收数据）。因此，选择一个空闲的 GPIO 引脚（P1.0）配置为输入模式，连接至 BUSY 端。在每次向打印机发送数据前，先检测该引脚的输入状态，从而判断是否可以向该打印机发送数据。

根据以上思路可以完成打印机控制的基本硬件设计，图 3-11 为打印机控制电路。

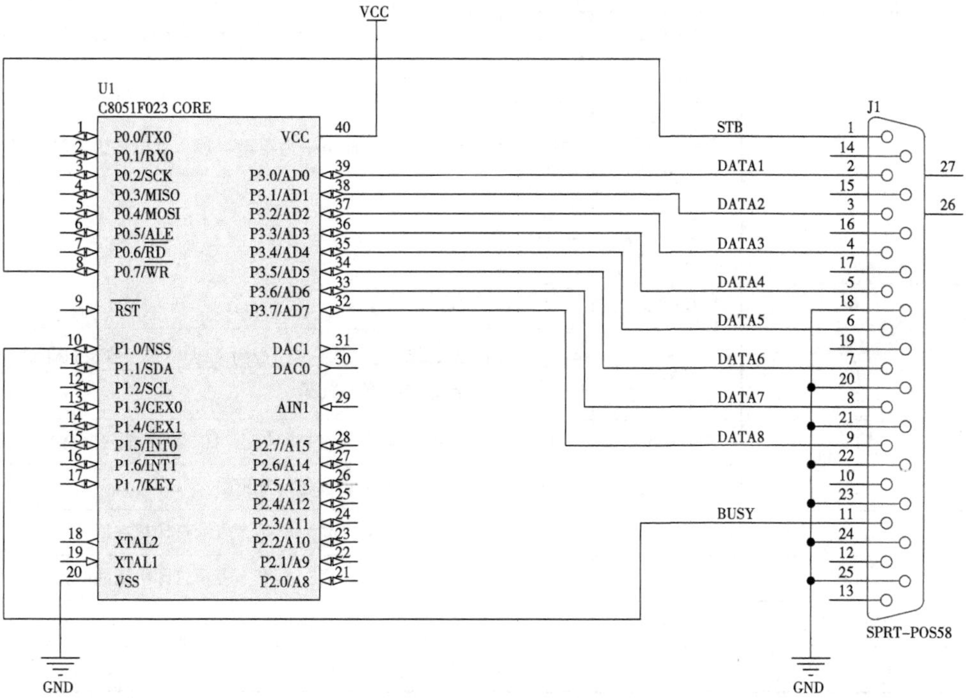

图 3-11　打印机控制电路

由于本任务是为温度控制系统增加打印功能，因此需要考虑打印机接口硬件设计与原有温控系统间的衔接和匹配。原有温度控制系统中已使用 AD0～AD7 作为数据总线，为多个外设服务（如：模/数转换、数/模转换、键盘/显示电路等），如果打印机同样使用该数据总线接口，则需要增加相应的译码、选通电路。

在进行温度控制系统硬件设计时，通过 74HC138 芯片已经实现了多路选通信号（CS0、CS1、CS2），且分别用于模/数转换电路、数/模转换电路和键盘/显示电路。此时，可以将 74HC138 输出 Y3 引脚设为 CS3，用于打印机使能，并将 CS3 与写信号（WR）进行“或”操作，产生的 STB 信号、原有 BUSY 信号设计不变。

基于以上考虑，带有选通电路的打印机控制电路如图 3-12 所示。

至此，完成了打印机控制硬件电路设计，对于打印机的命令控制以及数据传输方式将在“数据打印功能程序设计”部分进行介绍。

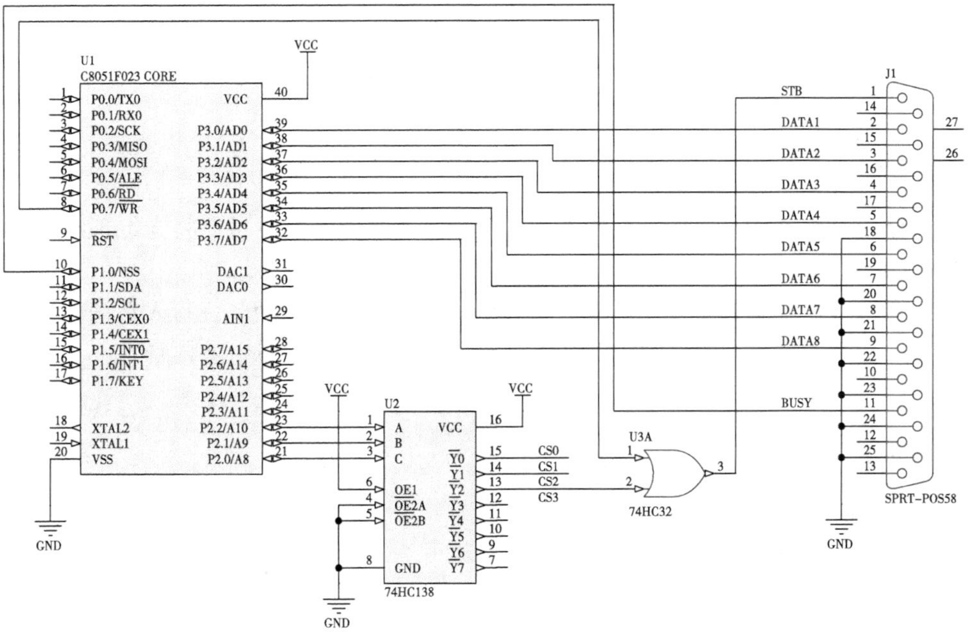

图 3-12　带有选通电路的打印机控制电路

3.4.3.2　数据打印功能程序设计

微型打印机控制程序的设计，要在掌握打印机控制命令的基础上开展。打印机命令诸多，在此不做逐一介绍，读者可以通过官方手册查阅命令，本书只将使用到的部分命令进行简单讲解，以便开展程序设计。

(1) 打印机初始化。初始化命令如下。

ASCII 格式：　　ESC　　@

HEX 格式：　　1B　　40

使用该命令可清除打印机打印缓冲区数据，打印机模式被设置为上电时的默认值。针对该命令的代码实现如下所示。

```
#define Print_port XBYTE[0x4000]      //定义打印机端口地址
sbit BUSY1 = P1 ^ 0;                  //定义P1.0为打印机忙检测信号线
void init_printer()
{
    while (BUSY1);
    Print_port = 0x1B;
    while (BUSY1);
    Print_port = 0x40;
}
```

代码中定义 Print_ port 为片外地址 0x4000，对应硬件设计部分 CS3 引脚；BUSY1 定义为 C8051F023 CORE 的 P1.0 引脚。

(2) 字符打印。打印命令如下。

ASCII 格式：LF

HEX 格式： 0A

输入该指令，打印机将打印缓冲区内数据并走纸一行，可以将走纸理解为换行的操作，下次打印将从行首开始。

在执行打印命令前，需要将打印数据写入打印机的缓冲区，写入数据的操作与写入命令的方式相同。写入 ASCII 字符数据和写入打印命令函数如下。

```
// 输出ASCII字符，c为ASCII码
void print_char(unsigned char c)
{
    while (BUSY1);
    Print_port = c;
}

// 打印换行命令
void print_LF()
{
    while (BUSY1);
    Print_port = 0x0a;
}
```

在主函数中首先调用 print_ char 函数写入 ASCII 字符，然后调用 print_ LF 函数执行打印操作，即可实现 ASCII 字符打印。

中文的打印与 ASCII 字符打印方式略有区别，中文的打印需要首先向打印机缓冲区写入汉字内码，再执行打印命令。汉字内码是计算机系统保存、处理汉字的基本编码，由两字节组成，读者可以通过网络、手册等多渠道查询到某一汉字对应的内码。例如，“热”字的内码为 0xC8C8、“电”字的内码为 0xB5E7、“偶”字的内码为 0xC5BC。写入汉字内码的函数如下：

```
//写入汉字内码
void print_word(unsigned int c)
{
    while (BUSY1);
    Print_port = c / 256;
    while (BUSY1);
    Print_port = c % 256;
}
```

下面的 print_ test 函数演示了针对 ASCII 字符和中文字符的打印方式。

```
void print_test(void)
{
    int i;
    for (i = 0; i < 9; i++)
        print_char(0x20);           //打印缓冲区写入9个空格
    print_word(0xB5E7);             //电
    print_word(0xD7D3);             //子
    print_word(0xB9A4);             //工
    print_word(0xB3CC);             //程
    print_word(0xC9E8);             //设
    print_word(0xBCC6);             //计
    print_LF();                     //打印换行
    print_LF();                     //走纸一行
    print_word(0xB5DA);             //第
    print_word(0xC8FD);             //三
    print_word(0xBDD7);             //阶
    print_word(0xB6CE);             //段
    print_word(0xCCE2);             //题
    print_word(0xC4BF);             //目
    print_char('4');                //4
    print_LF();
    for (i = 0; i < 32; i++)
        print_char('-');            //打印分割线
    print_LF();
}
```

打印机打印示例如图 3-13 所示。

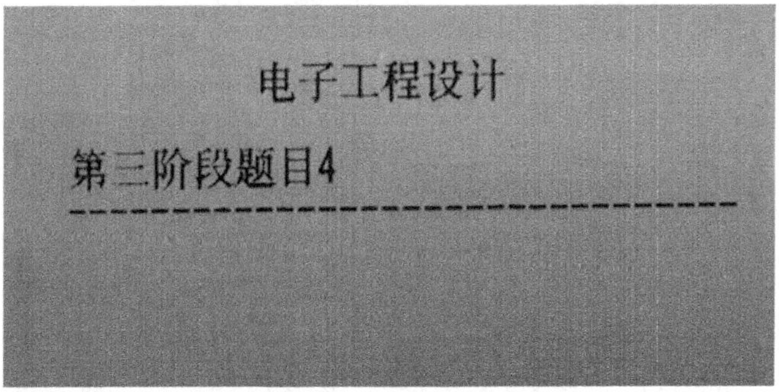

图 3-13　打印机打印示例

(3) 图形打印。图形打印流程与字符打印流程一致，只不过图形打印向打印机缓冲区写入的不是ASCII字符或汉字内码，而是位图数据。图形打印命令如下。

ASCII格式：ESC　*　m　nL　nH　d1，…，dk

HEX格式：　1B　2A　m　nL　nH　d1，…，dk

其中：d1，…，dk为位图数据。图形打印模式下，m、nL、nH的对应关系见表3-3。

表3-3　图形打印模式下m、nL、nH的对应关系

m	模式	纵向		横向	
		点数	分辨率	分辨率	数据个数
0	8点单密度	8	68 DPI	101 DPI	nL+nH×256
1	8点双密度	8	68 DPI	203 DPI	nL+nH×256
32	24点单密度	24	203 DPI	101 DPI	（nL+nH×256）×3
33	24点双密度	24	203 DPI	203 DPI	（nL+nH×256）×3

位图数据与打印结果的对应关系如图3-14所示（以8点模式为例）。

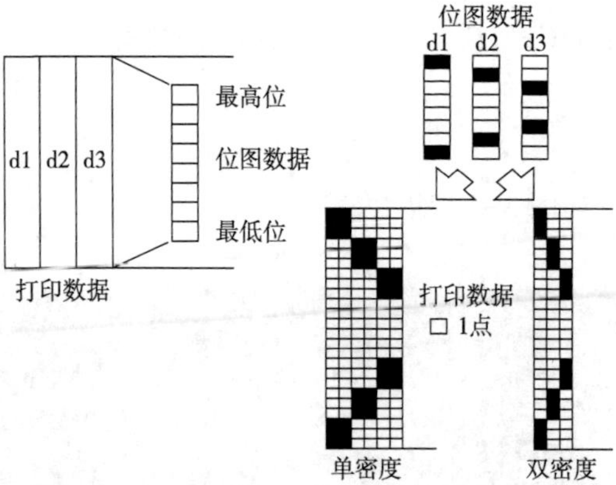

图3-14　位图数据与打印结果的对应关系

以下代码演示了三周期正弦波形打印方式，其中print_line_y()函数用于打印纵坐标轴，print_sin()函数用于打印正弦波形和横坐标轴，print_spacing()函数用于设置行间距。

```
#include "c8051F020.h"                  //头文件
#include "Init_Device.c"                //单片机初始化代码
#include "absacc.h"
#define Print_port  XBYTE[0x4000]       //定义打印机端口地址

sbit BUSY1 = P1 ^ 0;                    //定义P1.0为打印机忙检测信号线

//一周期正弦波32点数值
code char sin[64] = { 0x3F,0x4B,0x57,0x62,0x6C,0x74,0x7A,
    0x7D,0x7E,0x7D,0x7A,0x74,0x6C,0x62,0x57,0x4B,0x3F,0x33,
    0x27,0x1C,0x12,0x0A,0x04,0x01,0x00,0x01,0x04,0x0A,0x12,
    0x1C,0x27,0x33 };

//设置行间距函数，使用“ESC 3 n”命令
//0≤n≤255
void print_spacing(char n)
{
    while (BUSY1);
    Print_port = 0x1B;
    while (BUSY1);
    Print_port = 0x33;
    while (BUSY1);
    Print_port = n;
}


void print_line_y()
{
    unsigned char idata i, m;
    //图形输入命令
    unsigned char a[5] = { 0x1b,0x2a,0,188,0 };
    //绘制纵轴及箭头
    unsigned char b[8] = { 0x7f,0x7f,0x3e,0x3e,
        0x1c,0x1c,0x08,0x08 };

    for (i = 0; i < 5; i++)             //写入命令"ESC * m nL nH"
    {
        while (BUSY1);
        Print_port = a[i];
    }
    for (i = 0; i < 180; i++)           //写入纵轴位图
    {
        while (BUSY1);
        Print_port = 0x08;
    }
    for (i = 0; i < 8; i++)             //写入箭头位图
    {
        while (BUSY1);
        Print_port = b[i];
    }
```

```
    print_LF();                          //执行打印
}
void print_sin(void)
{
    int i, j, k, l;
    unsigned char temp_sin[8];      //打印内容8点缓存
    //图形输入命令
    unsigned char a[5] = { 0x1b,0x2a,0,255,0 };
    unsigned char temp;
    for (k = 0; k < 4; k++)         //每次完成8点打印
    {                               //正弦32点需循环4次
        for (l = 0; l < 8; l++)     //复制sin数组中数据至ptr_sin中
        {
            temp_sin[l] = sin[l + (8 * k)];
        }
        for (i = 0; i < 5; i++)     //写入命令“ESC * m nL nH”
        {
            while (BUSY1);
            Print_port = a[i];
        }
        for (i = 0; i < 255; i++)   //填写一行位图数据
        {
            //循环判读temp_sin中8个数据是否绘制于当前位图字节中
            for (j = 0; j < 8; j++)
            {
                //适当抬高正弦波形，为横轴保留空间
                if (i == temp_sin[j] + 3)
                {
                    //设置绘制点应出现在位图字节中的位置
                    temp = 0x01 << (8 - j);
                    while (BUSY1);
                    Print_port = temp;      //写入当前位图字节
                }
            }
            while (BUSY1);
            if (i == 0)Print_port = 0xff;   //写入绘制横轴位图字节
            else Print_port = 0x00;
        }
    }
    print_LF();                                 //打印一行
}

main(void)
{
    int i;
    Init_Device();                              //调用初始化函数
    P1MDOUT &= ~(0x01);                         //设置P1.0为开漏方式
    P1 |= 0x01;
```

```
    print_spacing(0x00);                    //设置行间距为0
    print_line_y();                         //绘制纵轴及箭头
    for (i = 0; i < 3; i++)                 //执行3周期正弦波打印
        print_sin();
    while (1);
}
```

打印机图形打印示例如图 3-15 所示。

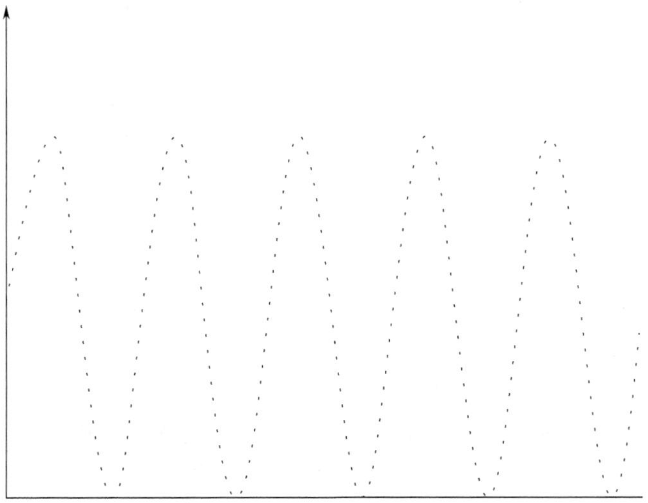

图 3-15　打印机图形打印示例

正弦波打印演示代码中，保存正弦波数值的数组定义中使用了 code 关键字。code 关键字在 C51 程序中的含义是将 code 修饰过的变量存储在 ROM 中而非 RAM 中。

这种操作主要带来两方面的效果。

（1）由于单片机系统 RAM 空间非常有限，将数据放入 ROM 空间则大大节省了宝贵的 RAM 空间消耗。

（2）ROM 空间可被认作只读空间，这就造成放入 ROM 空间的数据在程序运行的过程中可以被读取，但不能通过程序修改。

本书中，将正弦数值通过 code 关键字放入 ROM 空间，主要是因为正弦数值在程序运行过程中并不需要进行修改，放入 ROM 空间对于节省 RAM 空间有所帮助。

3.4.3.3　知识扩展

C51 程序设计中，针对存储位置说明的关键字除了 code 外，较为常用的还有

data、bdata、idata、xdata 等。在此，结合针对 C8051F023 芯片的应用，对这几个关键字进行简要介绍。

（1）data 关键字。被 data 关键字说明的数据将会被保存在单片机可直接寻址的内部数据存储空间中，放到这里的数据访问速度是最快的。但是，可直接寻址的内部数据空间是单片机的宝贵资源，通常很小，在 C8051F023 芯片中，可直接寻址的内部数据空间大小为 128 B。

（2）bdata 关键字。被 bdata 说明的数据为可进行位寻址的数据，程序可直接访问数据的指定位。在 C8051F023 芯片中，可位寻址的数据空间为 16 KB，这 16 KB 位于可直接寻址的 128 B 空间内。

（3）idata 关键字。被 idata 关键字说明的数据将会被保存在单片机中间接寻址的内部数据存储空间中。在 C8051F023 芯片中，可间接寻址的内部数据空间大小同样为 128 B。

（4）xdata 关键字。被 xdata 关键字说明的数据将会被保存在外部数据存储空间中，通常指为单片机系统扩展的 RAM 器件。但 C8051F023 芯片在内部设计了 4 KB 的外部存储空间 RAM，称为 XRAM。用户可以通过间接寻址的方式使用这 4 KB 的存储空间。

针对图形打印有以下几点内容需要注意。

（1）本打印机图形打印（见图 3-16）命令所输入的位图数据，是以字节纵向排列顺序形式组成的。为了保证每行打印一个数据点，需要每次准备 8 个数据，并按照位图格式要求，组成位图字节数据，输入打印机缓冲区。

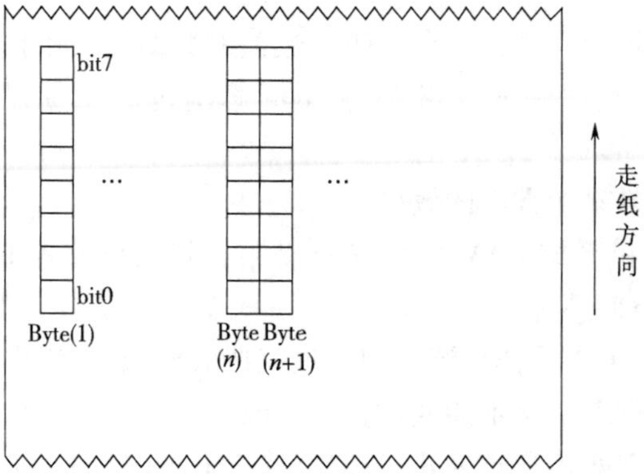

图 3-16　打印机图形打印位图格式

（2）为了实现温度控制曲线数据的打印，编写代码过程中需要准备较大存储空间保存温度控制数据，但由于单片机内部直接寻址 RAM 空间非常有限，可以考虑以下两个途径解决该问题。

1）每采集 8 个温度控制数据，便调用打印图形函数完成 8 行数据打印。

2）使用 xdata 修饰符，将温度控制数据保存至 C8051F023 芯片内部的外部存储空间中，一次性完成温度控制波形打印。

本子任务要求的“实现设定温度、测量温度、当前时间以及温度控制曲线的打印功能”，可归结为文字打印和图形打印两大基础功能。读者可参考本书中的打印机控制代码，结合功能要求，对温度控制程序进行扩展，实现任务要求。

3.5 实时时钟功能扩展子任务

3.5.1 子任务描述及分析

本子任务要求为温度控制系统增加与时间有关的控制功能，如：定时启/停控制、定时打印、延时控制等。实现这些功能的前提是系统必须具备“实时时钟”模块。

主要讲解如何为温度控制系统扩展“实时时钟”模块，包括元器件介绍、硬件设计、驱动代码设计等。

3.5.2 知识链接

3.5.2.1 系统时钟

系统时钟是指 CPU 系统指令运行的频率。计算机系统在此“系统时钟”的驱动下，按步骤完成操作。时钟信号一般由晶体振荡器产生，经由分频器、锁相环等电路进行处理，得到最终的系统时钟。

3.5.2.2 实时时钟。

实时时钟（Real Time Clock，RTC）的“实时”二字主要指现实生活中的实际时间，也就是日常生活中的时、分、秒等时间概念。它与系统时钟不同，其主要作用是建立起计算机系统内部任务进度与现实时间之间的联系。

实时时钟经常用于小型电子系统中，作为主要计时工具配合系统实现各种功能。

一般情况下，实时时钟可提供年、月、日、时、分、秒、星期等信息，单片机可通过读取实时时钟信息获得“真实的时间”。除此之外，某些实时时钟器件还可提供报警中断功能，类似于“闹钟”的功能。

3.5.2.3 PCF8563 芯片

PCF8563 芯片是一款常用的低功耗实时时钟芯片，它提供可编程的时钟输出、中断输出以及掉电检测功能。它具有工作电流小、工作电压范围大等特点，可提供时间信息，以及分钟报警、小时报警、日报警、星期报警等闹钟功能。

PCF8563 芯片（见图 3-17）内置了一个分频器、一个可编程的时钟输出、一个定时器、一个报警器以及掉电检测和 I^2C 总线接口。16 个内部寄存器用于设置芯片工作状态和计时。

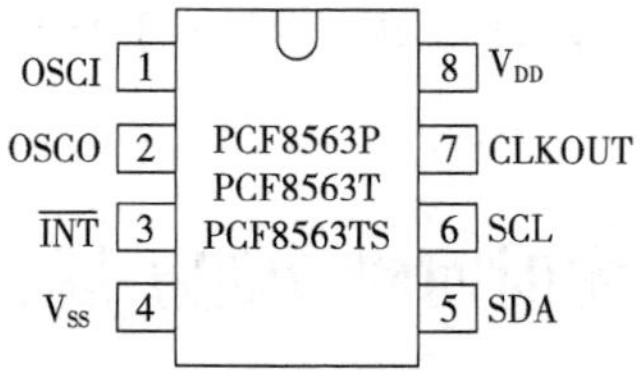

图 3-17　PCF8563 芯片引脚图

由于 PCF8563 具备 I^2C 总线接口，单片机系统可通过 I^2C 接口对该芯片进行配置以及读取时间信息。

3.5.2.4　DS12887 芯片

DS12887 芯片（见图 3-18）是一款具有较大市场占有率的实时时钟芯片，它的基本功能与 PCF8563 芯片相似，具备时间记录和闹钟等功能。

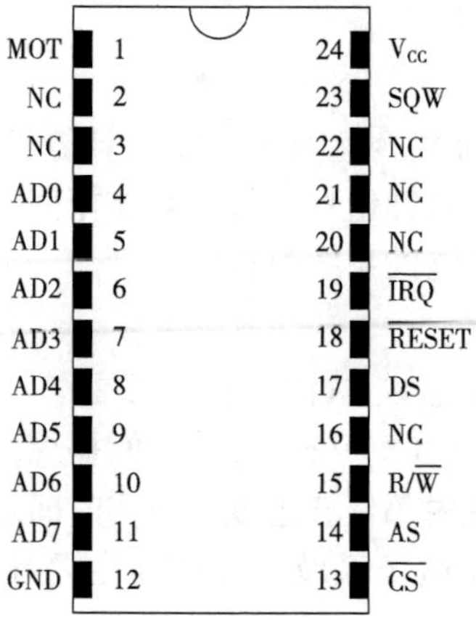

图 3-18　DS12887 芯片引脚图

两者主要区别在于：DS12887 芯片使用 8 位并口作为数据接口，PCF8563 使用 I^2C 接口。单片机系统可通过 AD0～AD78 位数据总线的读、写对其实现控制。

此外，DS12887 芯片中还集成了电池，可在系统掉电的情况下工作 10 年；而 PCF8563 芯片如果想在系统掉电的情况下维持时钟运行，则需要在芯片外部增加电池。

由于 DS12887 芯片内部集成电池，且引脚较多（使用了 AD0~AD7 并口作为数据接口），造成该芯片体积较大，会占用较多的 PCB 面积，在目前崇尚小型化设计和紧凑设计的背景下，DS12887 芯片显得略有不足。另外，DS12887 芯片的高度达到了约 9mm，在使用过程中要考虑芯片与外壳在结构上是否存在干涉。

3.5.3 任务实施应用开发

在本子任务中，需要为单片机系统增加实时时钟电路，并完成实时时钟的设置、时间的读取等驱动代码设计，之后配合整体温度控制系统的功能要求，为温度控制任务、打印任务增加与时间相关的功能。

3.5.3.1 实时时钟硬件设计

在实际应用中，通常选用专用实时时钟（RTC）芯片实现单片机系统的实时时钟功能。常用的实时时钟芯片有 PCF8563、DS12887 等。

在前面的子任务中，为了实现数据存储功能，使用了 EEPROM 存储芯片（AT24C64），并设计了 I^2C 总线用于驱动该芯片。在本子任务中可以选择同样具备 I^2C 总线接口的 PCF8563 芯片，在已经搭建的 I^2C 总线上扩展实时时钟功能芯片，这样，使得系统整体设计上更为简洁和紧凑。

PCF8563 和 AT24C64 应用设计电路如图 3-19 所示。

PCF8563 外围电路较为简单，除晶体振荡器和电容外，不需要其他外围器件。设计电路可将 SDA 和 SCL 引脚连接至原有 I^2C 总线的 SDA、SCL 端，将 PCF8563 作为一个总线设备扩展至 I^2C 总线。

由于在本子任务中的某些功能可能使用“闹钟”功能，因此，在电路设计中，将 PCF8563 的中断输出引脚（INT）接至 C8951F023 CORE 的 13 引脚（INT0）上，以备接收中断信号。另外，由于 PCF8563 的 INT 引脚采用开漏设计，因此需要为此引脚设计上拉电阻。

根据芯片手册的描述，PCF8563 在总线的地址分别为 0xA3、0xA2（读操作时地址为 0xA3，写操作时地址为 0xA2），通过前面子任务设计可知，AT24C64 的地址被配置为 0xA0，所以，单片机可按照不同地址分别访问两个芯片，并不会产生冲突。

3.5.3.2 实时时钟驱动程序设计

PCF8563 内部共有 16 个寄存器，分别如下。

（1）控制/状态寄存器 1（见图 3-20）。

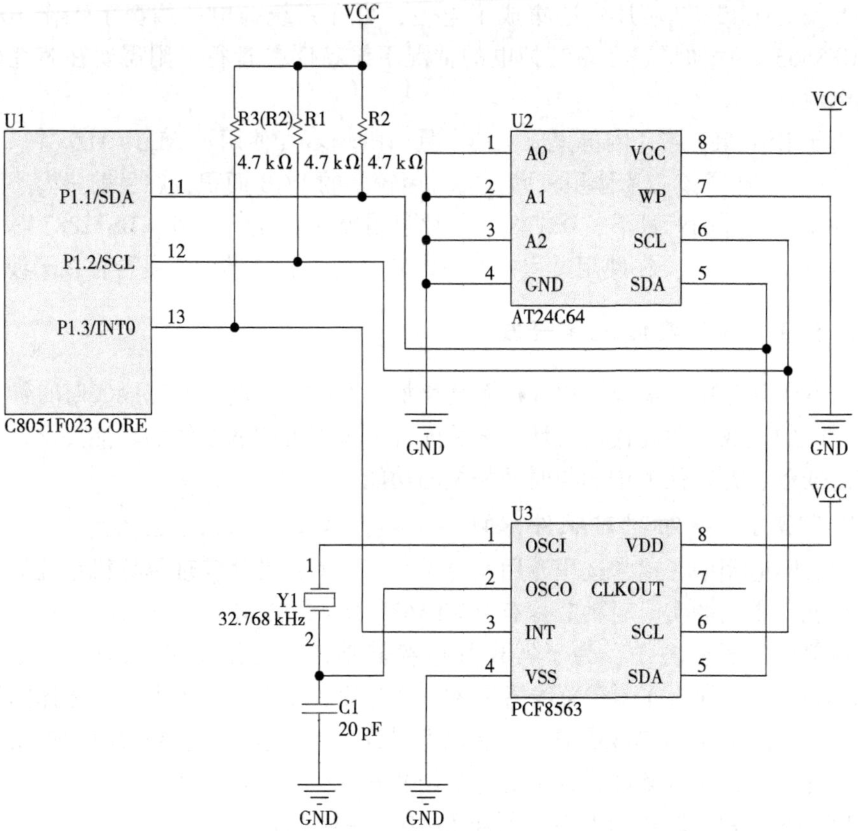

图 3-19　PCF8563 和 AT24C64 应用设计电路

TEST1	0	STOP	0	TESTC	0	0	0
位7	位6	位5	位4	位3	位2	位1	位0

图 3-20　控制/状态寄存器 1（地址：0x00）

1）位 7：TEST1。

0：普通模式。

1：EXT_ CLK 测试模式。

2）位 5：STOP。

0：芯片时钟运行。

1：所有芯片分频器异步置逻辑 0，芯片时钟停止运行。

3）位 3：TESTC。

0：电源复位功能失效。

1：电源复位功能有效。

（2）控制/状态寄存器 2（见图 3-21）。

0	0	0	TI/TP	AF	TF	AIE	TIE
位7	位6	位5	位4	位3	位2	位1	位0

图 3-21　控制/状态寄存器 2（地址：0x01）

1）位 4：TI/TP。

0：当 TF 有效时，INT 引脚有效。

1：INT 产生有效脉冲。

2）位 3：AF。

0：报警标志无效。

1：报警标志有效，可通过写入“0”清除该标志。

3）位 2：TF。

0：定时器倒计数标志无效。

1：定时器倒计数标志有效，可通过写入“0”清除该标志。

4）位 1：AIE。

0：报警中断禁止。

1：报警中断使能。

5）位 0：TIE。

0：计数器中断禁止。

1：计数器中断使能。

（3）PCF8563 计时寄存器和报警寄存器（见表 3-4）。

表 3-4　PCF8563 计时寄存器和报警寄存器

地址	寄存器名称	位 7	位 6	位 5	位 4	位 3	位 2	位 1	位 0
0x02	秒计时	VL	秒数据<00～59BCD 码格式>						
0x03	分钟计时	—	分钟数据<00～59BCD 码格式>						
0x04	小时计时	—	—	小时数据<00～23BCD 码格式>					
0x05	日计时	—	—	日数据<00～31BCD 码格式>					
0x06	星期计时	—	—	—	—	—	星期数据<0～6>		
0x07	月/世纪计时	C			月数据<01～12BCD 码格式>				

续表

地址	寄存器名称	位 7	位 6	位 5	位 4	位 3	位 2	位 1	位 0
0x08	年计时	年数据<00~99BCD 码格式>							
0x09	分钟报警	AE	分钟数据<00~59BCD 码格式>						
0x0A	小时报警	AE	—	小时数据<00~23BCD 码格式>					
0x0B	日报警	AE	—	日数据<00~31BCD 码格式>					
0x0C	星期报警	AE	—	—	—	—	星期数据<0~6>		

计时寄存器包含：秒、分钟、小时、日、星期、月/世纪、年计时寄存器。

报警寄存器包含：分钟报警、小时报警、日报警、星期报警寄存器。

1）VL 位（秒寄存器）。

0：保证提供可靠的时钟/日历信息。

1：无法保证提供可靠的时钟/日历信息。

2）C 位（月/世纪寄存器）。

0：指定世纪数为 20××。

1：指定世纪数为 19××。

3）AE 位（分钟报警、小时报警、日报警、星期报警）。

0：报警使能。

1：报警无效。

（4）CLKOUT 频率寄存器（见图 3-22）。

FE	—	—	—	—	—	FD1	FD0
位7	位6	位5	位4	位3	位2	位1	位0

图 3-22　CLKOUT 频率寄存器（地址：0x0D）

1）位 7：FE。

0：CLKOUT 输出被禁止并设成高阻抗。

1：CLKOUT 输出有效。

2）位 1~0：FD<1：0>。

0 0：CLKOUT 输出 32. 768 KHz。

0 1：CLKOUT 输出 1 024 Hz。

1 0：CLKOUT 输出 32 Hz。

1 1：CLKOUT 输出 1 Hz。

（5）定时器控制寄存器（见图 3-23）。

TE	—	—	—	—	—	TD1	TD0
位7	位6	位5	位4	位3	位2	位1	位0

图 3-23　定时器控制寄存器（地址：0x0D）

1）位 7：TE。

0：定时器禁用。

1：定时器使能。

2）位 1~0：FD<1：0>。

0 0：定时器时钟频率 4 096 Hz。

0 1：定时器时钟频率 64 Hz。

1 0：定时器时钟频率 1 Hz。

1 1：定时器时钟频率 1/60 Hz。

（6）定时器倒计数数值寄存器是 8 位寄存器，地址为 0x0F。该寄存器中数据为定时器计数数值。

熟悉了 PCF8563 中 16 个寄存器的基本功能，便基本掌握了该芯片的使用方法：通过 I^2C 总线设置相应寄存器，确定时钟初值并启动实时时钟；在需要时间数据的任务中添加读取寄存器代码，便可获得“真实”的时间信息。

编写针对 PCF8563 的 I^2C 总线驱动代码，该代码通过函数形式实现针对 PCF8563 的基本读写功能。此部分代码涉及 I^2C 总线使用方法，在“存储器功能”子任务中，已针对 I^2C 总线展开了深入讨论，在此不再重复介绍，直接给出参考代码如下：

```
// PCF8563时钟数据写函数
// address为PCF8563寄存器地址
//范围为：0x00—0x0F，data为写入寄存器数据
void time_write(unsigned char address, unsigned char data)
{
    while (BUSY == 1);          //总线空闲测试
    STO = 0;                    //清除停止条件
    STA = 1;                    //置位起始条件

    while (SI == 0);            //中断标志SI置位后可读到（0x08）
                                //起始条件已发出状态码
    STA = 0;                    //清除起始条件
    SMB0DAT = 0xa2;             //器件从地址+W码写入发送缓冲器
    SI = 0;                     //清除中断标志SI，启动数据发送操作
```

```
    while (SI == 0);            //中断标志SI置位后可读到(0x18)
                                //从地址+W已发出状态码
    SMB0DAT = address;          //数据访问地址写入发送缓冲器
    SI = 0;                     //清除中断标志SI，启动数据发送操作

    while (SI == 0);            //中断标志SI置位后可读到(0x28)
                                //数据字节已发出状态码
    SMB0DAT = data;             //时间数据写入发送缓冲器
    SI = 0;                     //清除中断标志SI，启动数据发送操作

    while (SI == 0);            //中断标志SI置位后可读到(0x28)
                                //数据字节已发出状态码
    STO = 1;                    //置位停止条件
    SI = 0;                     //清除中断标志SI，启动停止条件发送操作
}

// PCF8563时钟数据读函数
// address为PCF8563寄存器地址
//范围为：0x00—0x0F，返回值num为读取的数据

unsigned char time_read(unsigned char address)
{
    unsigned char num;
    while (BUSY == 1);          //总线空闲测试
    STO = 0;                    //清除停止条件
    STA = 1;                    //置位起始条件

    while (SI == 0);            //中断标志SI置位后可读到(0x08)
                                //起始条件已发出状态码
    STA = 0;                    //清除起始条件
    SMB0DAT = 0xa2;             //器件从地址+W码写入发送缓冲器
    SI = 0;                     //清除中断标志SI，启动数据发送操作

    while (SI == 0);            //中断标志SI置位后可读到(0x18)
                                //从地址+W已发出，收到ACK状态码
    SMB0DAT = address;          //数据访问地址写入发送缓冲器
    SI = 0;                     //清除中断标志SI，启动数据发送操作

    while (SI == 0);            //中断标志SI置位后可读到(0x28)
                                //数据字节已发出，收到ACK状态码
    STA = 1;                    //再次置位起始条件
    SI = 0;                     //清除中断标志SI，启动起始条件发送操作

    while (SI == 0);            //中断标志SI置位后可读到(0x10)
                                //重复起始条件已发出状态码
    STA = 0;                    //清除起始条件
    SMB0DAT = 0xa3;             //器件从地址+R码写入发送缓冲器
    SI = 0;                     //清除中断标志SI，启动数据发送操作

    while (SI == 0);            //中断标志SI置位后可读到(0x40)
                                //从地址+R已发出，收到ACK状态码
    SI = 0;                     //清除中断标志SI，准备接收数据操作
```

```
    while (SI == 0);            //中断标志SI置位后可读到（0x58）
                                //数据字节已收到，NACK已发出状态码
    STO = 1;                    //置位停止条件
    SI = 0;                     //清除中断标志SI，启动停止条件发送操作

    num = SMB0DAT;              //读取接收缓冲器中的数据
    return (num);               //将接收的数据返回调用函数
}
```

通过以上两个函数，单片机可对 PCF8563 芯片内部寄存器进行读写操作。一般情况下，程序可以在初始化环节首先对 PCF8563 中“控制/状态寄存器 1、2”进行设置。根据寄存器描述可以推断，如需 PCF8563 进入正常工作模式，则“控制/状态寄存器 1”可写入 0x00；“控制/状态寄存器 2”与报警及中断相关，如需使用“闹钟”功能，可将 TI/TF 位和 AIE 位置 1，即向 PCF8563 的地址 0x01 写入数据 0x11。

用户程序可通过 time_write( ) 函数向秒、分钟、小时、日等计时寄存器中写入时间初值，则 PCF8563 依此初值为基准进入时钟运行状态。在需要获取时间信息的代码段，通过 time_read( ) 函数读取秒、分钟、小时、日等计时寄存器获取时间数据。

需要注意的是秒、分钟、小时、日、星期、月、年等计时寄存器（以及相应的报警寄存器）是按照 BCD 码格式存储数据的，用户在读、写数据过程中需要进行 BCD 码转换，具体可参考如下代码：

```
//BCD码转10进制
unsigned char BCD_decode(unsigned char BCD)
{
    unsigned char temp1, temp2, dec;
    temp1 = BCD & 0x0f;
    temp2 = (BCD & 0xf0) >> 4;
    dec = temp2 * 10 + temp1;
    return dec;
}
//10进制转BCD码
unsigned char BCD_code(unsigned char dec)
{
    unsigned char temp1, temp, BCD;
    temp1 = dec / 10;
    temp2 = dec % 10;
    BCD = temp1 << 4 + temp2;
    return BCD;
}
```

通过以上方法，可以实现 PCF8563 芯片实时时钟的基本功能。

本章针对数据记录功能、打印功能、实时时钟扩展等基础功能的实现进行了介绍，读者可根据所介绍的基本方法，实现外设的基本控制、使用。面向本任务提出的温度控制系统扩展功能，读者需结合原有温度控制程序，编写应用代码。

本任务涉及的子任务较多（数据记录功能、数据打印功能、实时时钟相关功能），设计者在开发、调试过程中，可分步进行。首先完成某一外设的焊接，并编写基本的操作代码，实现基本功能。其次测试正常后，再增加下一个外设进行开发、调试，这样可有效避免不同外设之间的相互冲突，也更加容易定位故障点，便于问题排查。

练习题

1. ROM、RAM、PROM、EPROM、EEPROM 分别对应何种存储器？每种存储器各有什么特点？

2. 相较于并行总线，I^2C、SPI 等串行总线有何优势？

3. I^2C 总线是否支持一主多从的通信方式？若支持，主节点使用何种方式区分各子节点地址？

4. 芯片 24C02、24C16、24C64 的存储空间分别为多少？请使用字节表示。

5. 在 SPRT-POS58 并口微型打印机的并口中，/STB、BUSY 信号分别为何种含义，在打印过程中应如何控制或读取？

6. C51 程序设计中的 code、data、bdata、idata、xdata 等关键字分别为何种含义？应如何在程序设计中使用？

7. 计算机系统中的“系统时钟”和“实时时钟”有何区别？

8. 根据芯片手册，PCF8563 芯片 I^2C 总线地址为多少？若将 PCF8563 芯片和 AT24C64 芯片接入同一 I^2C 总线，AT24C64 芯片的 I^2C 总线地址应如何设置才能避免冲突？

4 上、下位机结构的温度控制系统的设计与实现

4.1 任务描述

本章主要介绍在工业控制领域经常使用的基于主、从模式下的上、下位机通信系统，以及在 RS-232 模式下主、从模式通信的基本设计思路和相关技术标准。通过该任务的训练，读者可以掌握 UART 接口的基本使用方法，以及通信领域内的编码、协议等相关知识。

该任务中，将在原有温度控制系统上扩展串行通信接口，实现通信功能；在计算机上使用高级语言编写应用程序，通过 RS-232 通信实现对温度控制系统的远程管理。单片机作为下位机负责温度测量与控制量输出，计算机作为上位机负责数据处理和人机交互的工作，二者组成典型的分布式控制系统。

分布式控制系统是一种自动控制系统的典型模式，由上位机和下位机组成。下位机负责现场的信号采集及控制实施工作，上位机负责数据处理和控制管理工作。采用单片机作为下位机，通过点对点通信与上位机配合是一种低成本的分布式控制系统解决方案。

4.1.1 任务完成的目标

（1）建立上位机与下位机之间的通信联络，实现串行数据收发功能。

（2）设计计算机应用软件，实现向下位机发送控制命令、接收下位机回传的测控数据等功能。

（3）在下位机原温度控制程序中添加串行通信功能，接收上位机的控制命令，按照上位机命令的要求进行现场温度控制数据上传与温度控制操作。

设计通信协议，完成针对温度控制系统中的数据交互。

4.1.2 上、下位机具体通信功能

（1）上位机发送“温度设定”命令。

（2）上位机发送“设定温度+1”和“设定温度-1”命令。

（3）上位机发送“温度控制启动/停止”命令。

（4）上位机发送“延时启动/停止控制”命令。

（5）上位机发送“定时启动/停止”命令。

（6）上位机发送“查询当前目标温度/设定温度”命令，下位机回复对应数据。

（7）上位机发送“查询延时启动/停止时间”命令，下位机回复对应数据。

（8）上位机发送“查询当前时间”命令，下位机回复对应数据。

（9）上位机发送“查询当前控制状态”命令，下位机回复对应数据。

为了能够以更加清晰的方式完成系统设计与实现，可将整体任务拆分为 3 个部分逐步实现。

（1）实现单片机系统的 RS-232 通信功能。

（2）设计计算机软件系统，实现计算机 RS-232 通信功能及相关操作界面。

（3）设计、实现上、下位机的主、从方式通信协议。

4.2　任务分析

此任务基于原有温度控制系统的任务展开，下位机（单片机）在保留温度控制基本功能（即温度变送、模/数转换、数/模转换以及驱动电路）的基础上增加串行通信功能，将原有的本地显示及输入功能迁移至上位机（计算机），通过 RS-232 串行通信实现上、下位机之间的数据通信。

根据以上分析，可以明确本任务的主要工作集中在 RS-232 通信功能的扩展以及计算机客户端软件的编写上。因此可以按照以下步骤逐步开展开发工作。

（1）熟悉 RS-232 总线以及 UART 串口的基本知识。

（2）掌握 C8051F02x 平台上 UART 串口的应用方法。

（3）掌握 RS-232 总线的硬件扩展方法，以及所涉及的相关芯片知识。

（4）编写下位机程序，实现数据收发基本功能。

（5）编写上位机程序，实现操作界面、通信控制等基本功能。

（6）针对温度控制场景设计应用层协议实现信息交互，并编写相应代码（包括上位机和下位机两部分）。

可以看出，本任务主要是针对远程操作的需求扩展相应的通信功能，而原有的温度控制部分可以保留原有设计。

由于本项目涉及上位机（计算机端）、下位机（单片机端）以及设计协议相关部分，内容较多，因此在讲解中分为 3 个子任务展开介绍：①下位机模块的应用开发；②上位机软件设计；③通信协议设计。

4.3 下位机模块的应用开发子任务

4.3.1 子任务描述及分析

在该子任务中，主要实现单片机端的串口通信功能，使其具备与计算机通信的能力。本小节主要包括以下内容。

（1）相关技术背景知识介绍。

（2）针对 RS-232 串口通信功能的硬件设计。

（3）针对 UART 接口功能的程序设计。

与其他项目开发进度类似，在项目设计之初应首先明确项目需求，在满足项目需求的基础上选择合适的技术方式，搭建整体方案。在了解所涉及的相关知识及技术标准后，需要从硬件设计和程序设计两个环节开展工作。

4.3.2 知识链接

4.3.2.1 RS-232 接口介绍

RS-232 是最广泛使用的外部设备与计算机通信接口技术。它是由美国电子工业协会（EIA）和美国电信工业协会（TIA）共同开发的串行通信标准。

RS-232 采用串行通信方式，每条数据线一次发送一位数据。显然，这种按位的传输方式相对于并行接口每次 8 位或 16 位的传输方式速度会较慢，但是串行通信的优势在于其仅仅需要两根数据线（一根接收、一根发送）即可实现全双工的数据通信。

RS-232 支持 19 200 bps 的最大波特率，电缆的最大长度为 20m。

RS-232 中将-15～-3 V 的电压范围定义为逻辑“1”；+3～+15 V 的电压范围定义为逻辑“0”，即低电平电压为逻辑“1”，高电平电压为逻辑“0”。但对于实际应用设备进行测量时，经常看到的电压值大约为±12 V。

RS-232 规范定义了信号电平、引脚布局、控制数据等相关内容。在此简要介绍其基本内容，详细内容读者可根据兴趣查阅相关资料。

4.3.2.2 DB9 接口介绍

机械接口方面，RS-232 定义了两种形式，分别为 25 针和 9 针。鉴于 25 针接口体积较大，目前更为流行的形式为 9 针的机械接口（在台式机机箱背面经常能够见到 DB9 接口，如图 4-1 所示）。

DB9公头（针）　　DB9母头（孔）

图 4-1　DB9 接口

DB9 引脚定义见表 4-1。

表 4-1　DB9 引脚定义

序号	名称	功能
1	DCD（data carrier detect）	数据载波检测
2	RXD（receive data）	串口数据输入
3	TXD（transmitted data）	串口数据输出
4	DTR（rate terminal ready）	数据终端就绪
5	GND（signal ground）	信号地
6	DST（data send ready）	数据发送就绪

续表

序号	名称	功能
7	RTS（request to send）	发送数据请求
8	CTS（clear to send）	发送清除
9	RI（ring indicator）	铃声指示

虽然DB9接口定义了全部9根信号线的功能，但在大多数简单的串口通信应用中仅用到了TXD、RXD和GND三根信号线。

4.3.2.3 UART（通用异步收发器）

UART（Universal Asynchronous Receiver/Transmitter）——通用异步收发器，是一种通用的点对点有线通信接口，可以在一定距离内实现两个设备之间以字节为单位的串行数据传输，是组成分布式控制系统的常用通信设备之一。

几乎所有的单片机内都有UART通信接口，这使我们很容易通过UART接口实现下位机与上位机的通信功能。

4.3.2.4 硬件连接

完整的UART接口包含三个信号（见图4-2）：TX、RX、GND。

（1）TX：本机发送端，应连接对方RX端。

（2）RX：本机接收端，应连接对方TX端。

（3）GND：信号地。

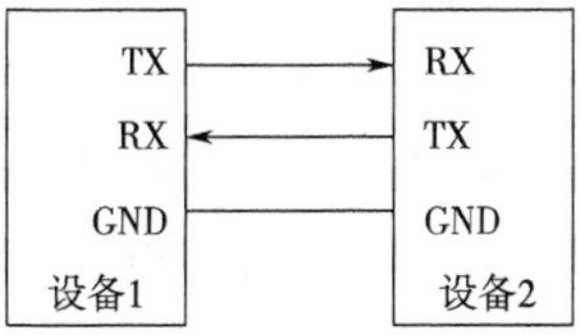

图4-2 UART接口设备接线图

4.3.2.5 数据格式

UART作为异步串口通信协议的一种，其工作原理是将数据的字节一位接一位地传输，UART通信数据格式如图4-3所示。

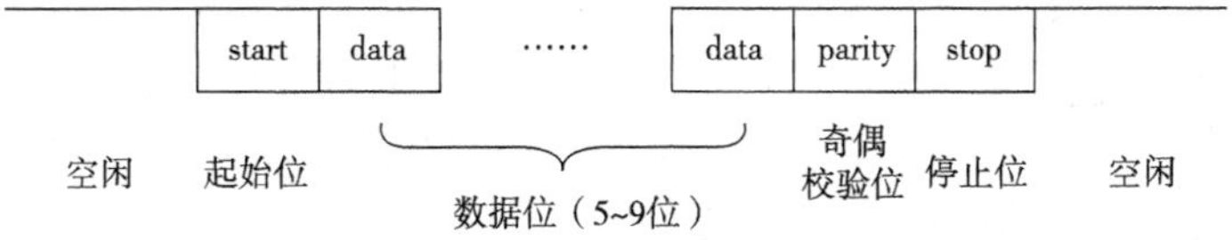

图4-3 UART通信数据格式

通信数据格式中各部分含义如下。

(1) 空闲：UART 协议规定，当总线处于空闲状态时信号线的状态为高电平。

(2) 起始位：开始进行数据传输时发送方要先发出一个低电平“0”来表示传输字符的开始。

(3) 数据位：数据位紧跟在起始位之后，数据位长度可以是 5、6、7、8、9 位，常规上是 8 位，数据发送从最低位开始。

(4) 奇偶校验位：数据位传送完成后，可以发送奇偶校验位。奇偶校验有以下几种方式：①无校验（no parity）；②奇校验（odd parity）；③偶校验（even parity）；④标志校验（mark parity）；⑤空校验（space parity）。关于这几种校验方式的细节，读者可自行查阅相关资料学习。

(5) 停止位：数据结束的标志位，可以是 1、1.5、2 位的高电平。常规上设置为 1 位。

4.3.2.6 波特率

数据传输的“快慢”用波特率表示，单位为“bps”（bits per second）。在 UART 传输过程中常用的波特率有：4 800 bps、9 600 bps、19 200 bps 和 115 200 bps 等。

4.3.3 任务实施应用开发

4.3.3.1 硬件设计

本任务中硬件设计的部分较为简单，主要实现 UART 与 RS-232 接口的转换。这部分功能可通过 MAX232 芯片实现。

MAX232 芯片专门为类似 RS-232 接口转换的应用场景设计，提供两路独立的数据通道，通过内部的双路电荷泵 DC-DC 电压转换器实现电平转换，配合简单的外围电容即可实现接口转换的功能。MAX232 芯片的详细功能介绍，读者可参考官方手册。

图 4-4 为 MAX232 设计电路图，将单片机 UART 发送端 TX 通过 MAX232 芯片的 T1 通道转换为 RS-232 标准的数据形式；同理，将 RS-232 信号数据通过 R1 通道转换为 UART 标准数据，接入单片机 RX 引脚。

本设计中使用的 MAX232 芯片，可以完成 5 V 电平逻辑的 UART 接口与 RS-232 接口之间的转换。MAX232 系列产品较多，比如，MAX231、MAX230 等，它们在功能和使用方式上略有不同，用户可根据应用场景进行选择。此外，针对 3.3V 电平逻辑的 UART 接口，可以选择 MAX3232 芯片实现 RS-232 电平的转换。

4.3.3.2 UART0 寄存器设置

在硬件设计中，已经将单片机（C8051F023 CORE）系统中的 UART 接口引

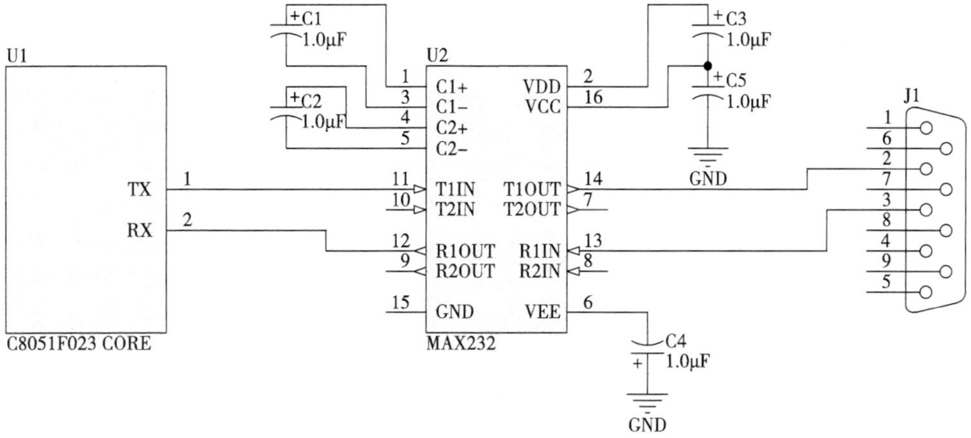

图 4-4　MAX232 设计电路图

出，但由于 C8051F02x 芯片的引脚采用功能复用的设计，因此，单纯的硬件连接并不能保证 TX、RX 引脚是按照 UART 功能工作的。这就涉及单片机中特殊功能寄存器的使用，在程序设计中，首先要保证将 C8051F02x 的 1、2 引脚配置为 UART 工作方式，然后通过对相关寄存器的配置，实现 UART 的正常收、发功能。本小节对 C8051F023 中与 UART 接口相关的两个重要寄存器进行介绍。

UART0 的工作方式设置通过串行控制寄存器（SCON0）实现，通信数据的收发通过串行数据缓冲器（SBUF0）实现。

在 C8051F023 芯片中共有两个 UART 资源，分别为 UART0 和 UART1。在本项目中使用 UART0 实现通信功能，下面主要针对 UART0 相关寄存器展开介绍，UART1 寄存器功能类似，读者可自行学习。

在设置寄存器前，首先确认 UART 的工作方式。C8051F023 芯片中 UART0 共有 4 种工作方式（1 种同步方式和 3 种异步方式），这 4 种方式提供不同的波特率和通信协议，具体见表 4-2。

表 4-2　UART0 工作方式

方式	同步/异步	波特率时钟	数据位	起始/停止位
0	同步	SYSCLK/12	8	无
1	异步	定时器 1 或定时器 2 溢出	8	起始位：1　停止位：1
2	异步	SYSCLK/32 或 SYSCLK/64	9	起始位：1　停止位：1
3	异步	定时器 1 或定时器 2 溢出	9	起始位：1　停止位：1

综合比较 4 种工作方式，在本项目中选择方式 1 实现通信功能。

（1）SCON0 寄存器。SCON0 寄存器结构如图 4-5 所示。

读/写	读/写	读/写	读/写	读/写	读/写	读/写	读/写
SM00	SM10	SM20	REN0	TB80	RB80	TI0	RI0
位7	位6	位5	位4	位3	位2	位1	位0

图 4-5　SCON0 寄存器结构（地址：0x98）

1）位 7~6：SM00~SM10。这两位作为 UART 工作方式选择位使用（见表 4-3）。

表 4-3　SMBus 工作方式

SM00	SM10	工作方式
0	0	方式 0：同步方式
0	1	方式 1：异步方式，8 位 UART，波特率可调
1	0	方式 2：异步方式，9 位 UART，固定波特率
1	1	方式 2：异步方式，9 位 UART，波特率可调

2）位 5：SM20。该位用于设置多处理器通信允许。

在工作方式 1 的情况下，该位用于检查有效的停止位。

SM20 位为“0”：停止位逻辑电平被忽略。

SM20 位为“1”：当停止位逻辑位为“1”时，RI0 被设置。

在工作方式 2 或 3 的情况下：该位用于设置多机通信允许。

SM20 位为“0”：第 9 位被忽略。

SM20 位为“1”：第 9 位为“1”，且接收地址与 UART0 地址或广播地址匹配时设置 RI0。

3）位 4：REN0。该位用于允许/禁止 UART0 接收数据。

REN0 位为“0”：UART0 禁止接收数据。

REN0 位为“1”：UART0 允许接收数据。

4）位 3：TB80。该位被设置的数值（0 或 1）将被作为第 9 位进行发送，当然，这仅仅在工作方式 2 或工作方式 3 下有效，因为只有工作方式 2 或工作方式 3 为“9 位 UART”模式。

5）位 2：RB80。在工作方式 2 或工作方式 3 下，该位被赋值为接收到的第 9 位。

在工作方式 1 下，如果 SM20 设置为“0”，那么 RB80 被赋值为接收到的停止位。

6）位 1：TI0。该位发送中断标志，用于表明当前字节发送是否完成。

当 UART0 发送完成一个字节后，该位会被硬件自动设置为“1”，用以通知用户发送完成；如果此时 UART 中断处于允许的状态，那么 CPU 会跳转到 UART0 的中断服务程序。该位必须通过软件手动清零。

7）位 0：RI0。该位为接收中断标志，用于表明当前 URAT0 是否收到数据。

当 UART0 接收到一字节数据后，RI0 会被硬件自动设置为“1”，用户可通过查看 RI0 的状态，判断是否收到数据。与 TI0 相似，如果此时 UART 中断处于允许的状态，那么 CPU 会跳转到 UART0 的中断服务程序。该位必须通过软件手动清零。

（2）SBUF0 数据缓冲寄存器。SBUF0 的功能较为简单，其结构如图 4-6 所示。

读/写	读/写	读/写	读/写	读/写	读/写	读/写	读/写
data7	data6	data5	data4	data3	data2	data1	data0
位7	位6	位5	位4	位3	位2	位1	位0

图 4-6　SBUF0 寄存器结构（地址：0x99）

位 7~0：UART0 缓冲器位 7~0。该寄存器实际上是两个寄存器：一个是发送移位寄存器，一个是接收锁存寄存器。

对于用户来说，当需要通过 UART 发送数据时，只需将数据字节写入该寄存器，它将进入发送移位寄存器完成数据发送；当接收到数据时，数据被保存在接收锁存寄存器中，用户只需要针对 SBUF0 进行读操作，即可获得接收数据。

需要注意的是，该寄存器有被覆盖的可能，例如，在前一次接收的数据未被读取的情况下，又有新的数据被接收到，则该寄存器会被新接收到的数据覆盖，对用户而言，前一次的数据则丢失了。

除了 SCON0 和 SBUF0 外，还有其他几个特殊功能寄存器用于控制 UART0 的工作（如：SADEN0、SADDR0 等），在此就不一一展开介绍，感兴趣的读者可通过芯片的数据手册学习。

了解了寄存器 SCON0 和 SBUF0 后，即可基本掌握对于 UART0 的常规操作。由于选择了 UART0 的工作方式 1 来实现上、下位机的通信功能，而工作方式 1 的波特率设置是通过“定时器 1 或定时器 2 溢出”来实现的，因此需要继续了解定时器在 UART0 的波特率设置中的作用。

在本小节中只简单介绍定时器在本应用下的基本设置，如需了解定时器详细功能及设置方法可参考之前章节或芯片数据手册。

UART0 的波特率设置可以通过定时器 1 的 8 位自动重载方式或定时器 4 的波特率发生器方式生成。

1）使用定时器 1 的波特率生成公式为

$$波特率 = \left(\frac{2^{SMOD0}}{32}\right)\left(\frac{SYSCLK \times 12^{(T1M-1)}}{(256 - TH1)}\right)$$

式中，SMOD0 为 UART 波特率加倍控制位，位于寄存器 PCON 中；SYSCLK 为系统时钟频率；*T1M* 为定时器 1 时钟选择位，位于寄存器 CKCON 的位 4。*TH*1：定时器 1 的 8 位重载寄存器。

2）使用定时器 4 的波特率生成公式为：

$$波特率 = \frac{SYSCLK}{32 \times (65\,536 - [RCAP4H:RCAP4L])}$$

式中，SYSCLK 为系统时钟；［RCAP4H：RCAP4L］为 RCAP4H（定时器 4 的高字节寄存器）和 RCAP4L（定时器 4 的低字节寄存器）拼接。

综合前面对于 UART0 寄存器的了解，为响应设计需求，针对 UART0 的初始化设置参考代码如下：

```
/********************UART0 initialization******************/
void UART0_init()
{
    ES0 = 0;                    //禁止UART0中断
    CKCON = 0x00;               //选择系统时钟为时钟源,设置T1M为0
    SCON0 = 0x50;               //UART0方式1（8位可变波特率），接收允许
    TMOD = 0x21;                //C/T1工作于“方式1”,16位计数方式
    TH1 = 0xFD;                 //通信速率为9600bps时TH1计数值
}
```

此段代码将 UART0 设置为 8 位方式可变波特率（1 位停止位），允许接收数据，使用定时器 1 生成波特率，波特率为 9 600 bps。

此代码工作环境为：C8051F023 使用 5 MHz 外部振荡器作为系统时钟，SMOD0（PCON. 7）设置为 0。

除此之外，还需确认芯片的引脚确实配置为 UART0 功能，此部分详细内容可参考 C8051F023 数据手册交叉开关（CrossBar）部分。

4. 3. 3. 3　UART0 数据发送

UART 的数据发送非常简单，只需要将需要发送的数据字节赋值给 SBUF 寄存器，UART 控制器即可自行完成数据的发送。代码如下：

```
/***********************UART0 send****************************/
void UART0_send(unsigned char data)
{
    SBUF0 = data;              //数据装载入SBUF0寄存器
    while (TI0 == 0);          //等待UART0发送结束
    TI0 = 0;                   //清除UART0发送中断标志
}
```

首先将需要发送的字节数据装载入 SBUF0 寄存器，系统内部的 UART 控制器会自动进行发送工作并在发送完成后将 TI0 位置设置为“1”，程序中通过循环查询方式检查 TI0，判断数据是否发送完成，并在发送完成后将 TI0 位复位为“0”（TI0 位只能通过手动清零）。

4.3.3.4　UART0 数据接收

UART 的数据接收同样依赖 SBUF 实现，参考代码如下：

```
/***********************UART0 receive*************************/
unsigned char UART0_receive(void)
{
    unsigned char data;
    while (RI0 == 0);          //等待UART0收到数据
    data = SBUF0;              //从SBUF0中取出数据
    RI0 = 0;                   //清除UART0发送中断标志
}
```

代码通过判断 RI0 的状态确定是否接收到数据，在收到数据后将字节数据从 SBUF0 中取出，然后将 RI0 重新复位为“0”。此段代码使用查询方式接收数据，效率较低，在一般情况下并不适用，在此只是向读者说明 UART 数据的接收方式。

使用中断方式接收 UART 数据更为常用，读者可参考如下代码：

```
void UART0_inter() interrupt 4
{
    unsigned char data;
    if (TI0 == 1)  TI0 = 0; //如果串行通信发送中断标志为1则清除该标志
    else                    //UART0接收中断标志为1的处理
    {
        data = SBUF0;       //读取UART0接收缓冲器数据
        RI0 = 0;            //清除UART0接收中断标志
    }
}
```

此种方式利用 UART 中断接收数据。进入中断服务程序后，若判断为发送中断，则清除 TI0 标志位后退出；若为接收中断，则读取 SBUF0 获得数据并清除 RI0 标志。需要注意的是，如果希望使用中断的方式接收数据则要保证 UART 中断使能位 ES0 处于使能状态（ES0 位于 IE 寄存器的位 4）。

这部分功能的调试可通过计算机使用“串口调试助手”等软件开展（若计算机没有串口，可使用 usb 转串口设备进行扩展），调试方法较为简单，在此不展开讨论。

至此，已经实现了单片机系统 UART 接口的基本数据收、发功能，验证了硬件设计。但以上测试代码只是完成了基本可操作性的验证，想要实现本任务的整体功能还需要确保所发数据能够被上位机准确接收，数据内容能够被接收端正确理解。另外，数据的交互也不会以单字节方式简单实现，而是以规定格式的数据帧方式实现。关于通信协议和数据帧格式等内容的讲解，将在后续章节进一步展开。

4.4 上位机软件设计

4.4.1 子任务描述及分析

在完成了下位机的软硬件设计后，展开上位机（计算机端）的开发工作，而计算机端的软件开发通常依赖某类高级语言以及对应的软件开发平台。

在计算机端进行串口通信软件开发工作时，可供选择的开发语言及其对应平台较多，如 C++、JAVA、C#、Python 等，在本子任务中使用 C#作为开发语言，选择 Visual Studio 2019 作为开发平台完成设计。

在本小节中，以简单的串口通信设计为例，介绍基本的开发步骤，实现基本的计算机端串口通信功能。但仅仅实现基本通信功能，并不能完全满足“上、下位机结构温度控制系统”的远程操作要求，读者可以在了解的开发方式和步骤的基础上，自行增加应用层代码，编写满足本任务要求的上位机程序。

4.4.2 任务实施应用开发

Visual Studio 2019 的安装以及 C#基本语法知识在此不再赘述，读者可以自行查阅资料学习。

4.4.2.1 建立工程项目

建立 C# Windows 窗体应用的项目，选择项目路径并为项目命名，框架选择 . Net Framework 4. 7. 2。

4.4.2.2　界面设计

本节主要目的在于讲述关于串口操作的基本方法，并非完全实现本任务功能，因此界面设计较为简单，仅包含串口的打开、关闭以及数据收发等功能（见图4-7）。

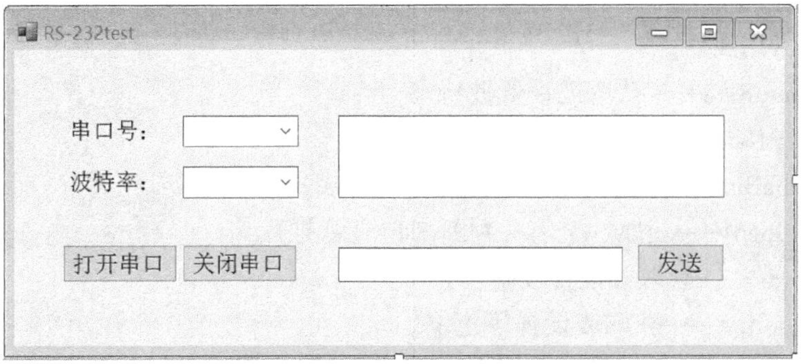

图4-7　计算机串口通信软件界面

通过工具栏，分别拖入Label、ComboBox、Button、TextBox等控件，完成界面布局，并根据需求修改空间属性以及各空间名称。

4.4.2.3　为计算机添加串口

有的计算机本身并不带有串行接口，可以通过usb转串口的设备为计算机添加串口，相关设备种类较多，读者可自行选择。在完成驱动安装后，可以通过设备管理器查看新增的串口及串口号（见图4-8）。

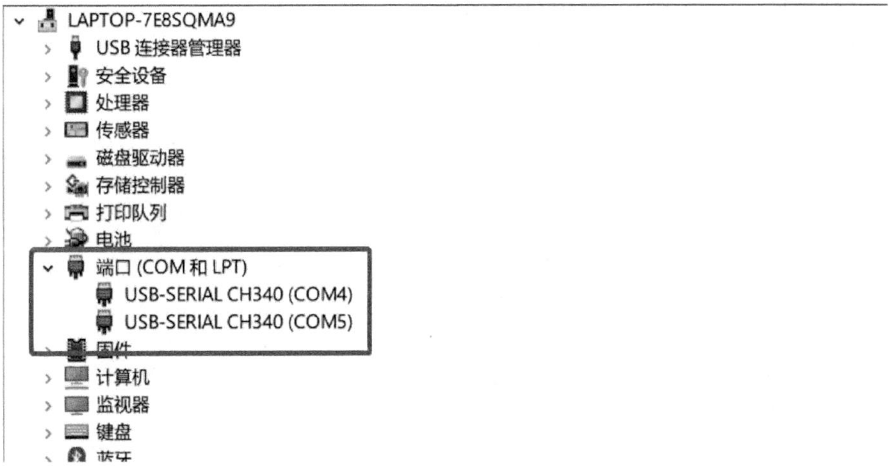

图4-8　设备管理器中添加的串口

如果所使用计算机本身具备 COM 接口，可跳过该步骤，直接使用存在的 COM 接口进行开发。

4.4.2.4 C#中的串口类

SerialPort 是 C#串口通信设计中常用的串口类，在本任务中使用该串口类实现串口通信。

（1）常用属性。

1）BaudRate——获取或设置波特率。

2）PortName——获取或设置串口名称。

3）DataBits——获取或设置数据位。

4）IsOpen——获取一个值，判断串口是否打开。

5）Pariy——获取或设置校验位。

6）StopBits——获取或设置停止位。

7）Pariy——获取或设置校验位。

（2）常用方法。

1）Open（）——打开串口。

2）Close（）——关闭串口；

3）Read（Byte [ ]，int32，int32）——读取数据。

4）Write（byte [ ]，int32，int32）——发送数据；

（3）事件。DataReceived——当接收到数据时触发。

在本任务中首先引用命名空间：

using System. IO. Ports;

并在窗体类中实例化 SerialPort 对象：

private SerialPort ComDevice = new SerialPort( )。

4.4.2.5 自动扫描串口代码

双击 Form1 窗体，系统自动添加 Form1_Load 函数，在 Form1_Load 函数中添加以下代码：

```
string[] portList = System.IO.Ports.SerialPort.GetPortNames();
for (int i = 0; i < portList.Length; i++)
{
    string name = portList[i];
    comboBox_port.Items.Add(name);
    comboBox_port.SelectedIndex = 0;
}
```

以上代码可扫描系统中的串口，并将扫描到的串口添加到端口选择的下拉菜单（comboBox_port）中。

此外也可在 Form1_Load 中添加波特率选择下拉菜单中的选项内容。

```
comboBox_baudrate. Items. Add （"9600" ）;
comboBox_baudrate. Items. Add （"14400" ）;
comboBox_baudrate. Items. Add （"19200" ）;
comboBox_baudrate. Items. Add （"28800" ）;
comboBox_baudrate. Items. Add （"115200" ）;
comboBox_baudrate. SelectedIndex = 0;
```

4.4.2.6 打开串口

双击“打开串口”按钮，系统自动添加点击按钮事件函数，在该函数中添加打开串口的代码。

```
private void button_open_Click(object sender, EventArgs e)
{
    if (comboBox_port.Items.Count <= 0)
    {
        MessageBox.Show("未发现可用串口！");
        return;
    }
    if (ComDevice.IsOpen == false)
    {
        ComDevice.PortName = comboBox_port.SelectedItem.ToString();
        ComDevice.BaudRate = Convert.ToInt32(comboBox_baudrate.
            SelectedItem.ToString());
        ComDevice.Parity = Parity.None;
        ComDevice.DataBits = 8;
        ComDevice.StopBits = StopBits.One;
        try
        {
            ComDevice.Open();
            button_open.Enabled = false;
        }
        catch (Exception ex)
        {
            MessageBox.Show(ex.Message, "串口打开失败",
                MessageBoxButtons.OK, MessageBoxIcon.Error);
            return;
        }
    }
    else
    {
        MessageBox.Show("串口已打开!" );
    }
}
```

以上代码的作用是在判断串口存在的前提下，设置 ComDevice 的相关属性，如：串口名称（来源于 comboBox_ port 的选择）、串口波特率（来源于 comboBox_ baudrate 的选择）、奇偶校验位、数据位长度、停止位长度等，并使用 open（）方法打开串口。

在本书中奇偶校验位、数据位长度、停止位长度均设置为固定值，读者如果希望进行较为丰富的设计，也可将这些选项以 ComboBox 或 CheckBox 的形式面向给用户，为用户提供更为灵活的操作方式。

4.4.2.7 关闭串口

双击“关闭串口”按钮，系统自动添加点击按钮事件函数，在该函数中添加关闭串口的代码。

```
private void button_close_Click(object sender, EventArgs e)
{
    try
    {
        ComDevice.Close();
        Button_open.Enabled = true;
    }
    catch (Exception ex)
    {
        MessageBox.Show(ex.Message, "串口关闭错误",
            MessageBoxButtons.OK, MessageBoxIcon.Error);
    }
}
```

4.4.2.8 数据发送

在本书中发送数据需按照十六进制格式填入 textBox_ send 中（填写“00 01 02 03 04”，则实际发送数据为“0x01 0x02 0x03 0x04 0x05”）。在编写代码过程中会发现，TextBox 控件中填入的内容为 string 类型，此种类型数据并不能直接通过串口进行发送，需要进行数据转换，将 string 类型数据转换为 byte 类型。为此，首先编写数据转换函数如下：

```
private byte[] strtohex(string hexstring)
{
    hexstring = hexstring.Replace(" ", " ");
    if ((hexstring.Length % 2) != 0) hexstring += " ";
    byte[] bytehex = new byte[hexstring.Length / 2];
    for (int i = 0; i < bytehex.Length; i++)
        bytehex[i] = Convert.ToByte(hexstring.
            Substring(i * 2, 2).Replace(" ", " "), 16);
    return bytehex;
}
```

双击“发送”按钮，添加函数，并添加发送数据代码：

```
private void button_send_Click(object sender, EventArgs e)
{
    byte[] data = null;
    data = strtohex(textBox_send.Text);
    if (ComDevice.IsOpen)
    {
        ComDevice.Write(data, 0, data.Length);
    }
}
```

代码中调用 Write( ) 方法实现串口数据的发送。

4.4.2.9 数据接收

SerialPort 的数据接收使用了 DataReceived 事件。当有串口数据被接收到时则该事件被触发，其对应的处理函数也会被执行。

首先在设置串口属性的代码段中加入以下添加事件代码。

```
ComDevice.DataReceived +=
    new SerialDataReceivedEventHandler(Com_datareceive);
```

其中，Com_ datareceive 为事件处理函数，代码如下。

```
private void Com_datareceive(object sender, SerialDataReceivedEventArgs e)
{
    byte[] receiveData = new byte[ComDevice.BytesToRead];

    ComDevice.Read(receiveData, 0, receiveData.Length);
    StringBuilder sb = new StringBuilder();
    for (int i = 0; i < receiveData.Length; i++)
    {
        sb.AppendFormat("{0:x2}" + " ", receiveData[i]);
    }
    display(sb.ToString().ToUpper());
}
```

代码中通过 Read( ) 方法读取接收到的数据，并将接收到的 byte 数据转换为 string 数据以便显示。

display 函数用以在 textBox_ receive 控件中显示收到的数据。

```
private void display(string stringdata)
{
    BeginInvoke(new MethodInvoker(delegate
        {
            textBox_receive.AppendText(stringdata);
        }));
}
```

display 函数通过委托方式实现。委托（delegate）是 C#语言实现回调函数的一种机制，读者可自行学习，在此不展开讨论。

至此，完成了一个使用串口实现简单收发功能的上位机程序。读者可以使用“串口调试助手”等计算机测试工具对该程序进行测试（见图 4-9）。使用串口线缆将计算机中两个串口连接（TX、RX 线相互交叉），并设置相同波特率、数据位数、停止位和校验位。使用本书中的程序代码发送测试数据（如：11 22 33 44 55 66），则“串口调试助手”会接收并正确显示数据内容。

图 4-9　串口通信软件测试效果

4.5　通信协议设计子任务

4.5.1　子任务描述及分析

在之前的子任务中，已经分别实现了单片机以及计算机的串口收发基本功能，但仅仅实现了基本的收发功能并不足以满足“上、下位机的温度控制系统”的通信需求。收发功能只能保证数据被正常发送和接收，但诸如收发端对于数据含义的理解、避免发生冲突以及减少传输中干扰的影响等问题需要较为复杂的通信协议进行保障。

本子任务中，将对通信协议的相关知识以及通信协议的基本模型进行介绍，在了解通信协议设计基本思想的基础上，完成针对本任务的应用层协议设计。

4.5.2 知识链接

所谓通信协议，可以理解为通信双方的一种约定，约定内容包括数据格式、同步方式、传输速率、纠错方式以及关于数据内容的解释等。直观地讲，就是保证通信双方能够顺利“听到”对方“讲话”的内容并且“理解”对方“话语”的含义。

国际标准化组织（ISO）制定的关于计算机或通信系统间互联的标准体系，即为OSI的7层模型——“ISO/OSI模型”。

4.5.2.1 ISO/OSI模型——物理层

该层提供建立、维护和拆除物理链路所需的机械、电气、功能和规程；提供有关在传输介质上传输非结构的位流及物理链路故障检测指示。在这一层，数据还没有被组织，仅作为原始的位流或电气电压处理，单位是比特。

4.5.2.2 ISO/OSI模型——数据链路层

该层负责在两个相邻节点间的线路上，无差错地传送以帧为单位的数据，并进行流量控制。每一帧包括一定数量的数据和一些必要的控制信息。与物理层相似，数据链路层要负责建立、维持和释放数据链路的链接。在传送数据时，如果接收点检测到所传数据中有差错，就要通知发送方重发这一帧。

4.5.2.3 ISO/OSI模型——网络层

该层为传输层实体提供端到端的交换网络数据传送功能，使得传输层摆脱路由选择、交换方式、拥挤控制等网络传输细节；可以为传输层实体建立、维持和拆除一条或多条通信路径；对网络传输中发生的不可恢复的差错予以报告。

网络层将数据链路层提供的帧组成数据包，数据包中封装有网络层包头，其中含有逻辑地址信息——源站点和目的站点地址的网络地址。

4.5.2.4 ISO/OSI模型——传输层

该层为会话层实体提供透明、可靠的数据传输服务，保证端到端的数据完整性；选择网络层最适宜的服务；提供建立、维护和拆除传输连接功能。传输层根据通信子网的特性，最佳地利用网络资源，为两个端系统的会话层之间提供建立、维护和取消传输连接的功能，并以可靠和经济的方式传输数据。在这一层，信息的传送单位是报文。

4.5.2.5 ISO/OSI模型——会话层

该层为彼此合作的表示层实体提供建立、维护和结束会话连接的功能；完成通信进程的逻辑名字与物理名字间的对应；提供会话管理服务。

4.5.2.6 ISO/OSI 模型——表示层

该层为应用层进程提供能解释所交换信息含义的一组服务，即将欲交换的数据从适合于某一用户的抽象语法，转换为适合于 OSI 系统内部使用的传送语法，提供格式化的表示和转换数据服务。数据的压缩、解压缩、加密和解密等工作都由表示层负责。

4.5.2.7 ISO/OSI 模型——应用层

该层提供 OSI 用户服务，即确定进程之间通信的性质，以满足用户需要以及提供网络与用户应用软件之间的接口服务。

4.5.3 任务实施应用开发

以上简单地自下而上地介绍了 ISO/OSI 的基本结构及含义。在一般的通信系统中并不要求必须实现全部 7 层的所有内容，例如，我们熟悉的 TCP/IP 模型，它只实现了其中的 4 层。

实际上，RS-232 仅仅针对物理层进行了定义，即仅仅针对数据传输的电平、逻辑、速率以及接口进行了定义。

针对该任务的需求（要求通过上、下位机的通信，实现温度系统控制的相关功能），RS-232 仅仅保证 8 字节数据可以在上、下位机之间传送，这显然是不够的。因此需要针对应用场景进行相关的协议设计，才能真正实现任务所要求的全部功能。

4.5.3.1 数据传送方式设计

通信系统中的“主从结构”通常可以分为“一主一从”和“一主多从”两种方式。在“一主多从”的结构中，通常需要为每个“从节点”设置地址，这样便于主节点发送的数据能够准确地被指定的“从节点”接收（广播除外）。在“一主一从”的结构中，一般可以不必为“从节点”设置地址，因为此时从“主节点”发出的数据一定是针对这个唯一的“从节点”的。

此外，为了便于通信系统的实现，同时也是为了保证可靠性，在本项目中采用轮询/应答的方式。轮询的工作是由主机发起的，在“一主多从”的结构中，主机会根据工作需求，依次或有选择地“询问”各从节点，每个从节点在收到主机的“问询”时，根据“问询”内容和自身的状态回复数据。在本项目中，采用的是“一主一从”的结构，因此，主机的“询问”对象只有一个从机。

需要注意到，在轮询/应答的设计中，每一次通信都是由主机发起的，从机只是保持“监听”状态，收到主机“询问”后，从机才能根据询问内容进行“应答”。

（1）本系统为主从通信方式，通信只能由主机（上位机）发起，从机（下位机）只能响应主机的请求。

（2）主机在发送请求后，等待接收从机响应，若长时间未收到响应或接收内容错误，则主机选择重新发送请求或报错。

4.5.3.2 数据包设计

上、下位机的通信通过 RS-232 接口实现，RS-232 是以字节为单位发送、接收数据的。但在一般的应用场景下每次发送、接收一个字节不足以实现全部数据信息（如温度数值、时间信息等）的交互。因此，通信过程中会使用多个字节组成固定格式的数据包，以数据包为单位收、发数据。

在本任务中，需要传输较为复杂的数据（例如，定时启动设置，这里需要设置包含分钟和秒钟的时间，以及启动的操作），因此需要设计一个相对固定的数据包格式用以传输数据内容，同时确保上、下位机对于数据包的解读一致，不会产生歧义。

另外，数据包的长度也是一个重要因素。该任务中需要发送和接收的数据种类较多，各有特点，数据量大小也不一致，从直观角度看，数据包的长度应根据数据量大小变化。但是，RS-232 标准是一个字节、一个字节地接收数据的，如果每次发送的数据包长度不一样，则必须在数据包中包含数据包长度的信息，使接收方知道到底需要接收多少字节的数据。这样操作显然增加了开发过程的复杂度。因此，可以在协议中定义数据包为固定长度（在数据量较少的情况下，通过补充固定内容的数据字节补足包长），这样就使得无论哪种类型的数据信息，均按照统一长度发送、接收。接收端每次接收数据时，也不必麻烦地判断此次接收数据的长度，而是按照一种数据长度处理。

数据发送、接收以数据包的形式实现，且无论哪种数据信息，数据包长度均应一致（数据量不足可以通过固定数据补足，如：0xFF）。

4.5.3.3 增加同步字

同步字主要用在数据传输、处理过程中对齐数据，接收端通过同步字判断接收到的数据是否有效。

数据信息在线缆传输过程中容易受到干扰，在某种情况下，干扰造成的异常有可能会被误认为是一次通信的开始，从而造成错误。增加同步字在一定程度上有助于避免这类错误的发生。

在数据信息之前增加固定的同步字，作为数据包头。

4.5.3.4 通信协议的实现

通信协议设计原则如下。

(1) 采用主从方式通信，主机（上位机）发起通信，从机（下位机）响应请求。

(2) 数据帧长度固定（数据量不足可以通过固定数据补足，如：0xFF）。

(3) 在数据信息之前增加固定的同步字（“C”“O”“M”），作为数据包头。

串口通信协议帧格式如图 4-10 所示。

同步字	操作码	操作数1	操作数2

图 4-10 串口通信协议帧格式

帧格式说明见表 4-4。

表 4-4 帧格式说明

数据段	长度	内容	备注
同步字	3B	“C”“O”“M” ASCII 码	—
操作码	1B	表明使用通道和操作	—
操作数 1	1B	针对操作表示操作数据，如：时间、温度等	无数据时填 0xFF
操作数 2	1B	针对操作表示操作数据，如：时间、温度等	无数据时填 0xFF

其中操作码为 1 字节数据，按 16 进制解释：①高 4 位若为十六进制“A”，则表明操作通道 A，若为“B”则表明操作通道 B，依次类推，共 4 个通道；②低 4 位为十六进制 0~E，分别表示针对温控系统的不同操作。

上、下位机通信发送命令和应答数据格式见表 4-5。

通过对于以上关键技术的实践，读者应该已经掌握完成本任务的基本技能，但若想完成“上、下位机结构温度控制系统的设计与实现”项目的全部功能，还需从以下几个方面开展工作：①单片机（C8051F023 CORE）系统 UART 接口多字节的数据收、发；②通信协议在下位机（单片机系统）上的实现；③通信协议及相关操作界面在上位机的设计、实现。

以上后续开发相关内容留给读者自行实践。

表 4-5　上、下位机通信发送命令和应答数据格式

上位机发送命令					下位机应答数据			
命令	同步字	操作码	操作数 1	操作数 2	同步字	操作码	数据 1	数据 2
温度设定	“C”“O”“M”	A（B，C，D）0	00H~63H（整数）	00H~63H（小数）	—	—	—	—
温度设定值增 1		A（B，C，D）1	FFH	FFH		—	—	—
温度设定值减 1		A（B，C，D）2	FFH	FFH		—	—	—
温度控制启动/停止		A（B，C，D）3	FFH	FFH		—	—	—
延时启动时间设置		A（B，C，D）4	00H~3BH（分）	00H~3BH（秒）		—	—	—
延时停止时间设置		A（B，C，D）5	00H~3BH（分）	00H~3BH（秒）		—	—	—
定时启动时间设置		A（B，C，D）6	00H~17H（时）	00H~3BH（分）		—	—	—
定时停止时间设置		A（B，C，D）7	00H~17H（时）	00H~3BH（分）		—	—	—
当前温度查询		A（B，C，D）8	FFH	FFH	“C”“O”“M”	A（B，C，D）8	00H~63H（整数）	00H~63H（小数）
延时启动时间查询①		A（B，C，D）A	FFH	FFH		A（B，C，D）A	00H~3BH（分）	00H~3BH（秒）
延时停止时间查询		A（B，C，D）B	FFH	FFH		A（B，C，D）B	00H~3BH（分）	00H~3BH（秒）
当前时间查询		AC	FFH	FFH		AC	00H~17H（时）	00H~3BH（分）
控制工作状态查询		A（B，C，D）E	FFH	FFH		A（B，C，D）E	00H~F8H②	

注：①延时时间为启动延时操作以后的倒计时剩余时间。

②D7：1—启动，0—停止。D6（延时启动）：1—有效，0—无效。D5（延时停止）：1—有效，0—无效。D4（定时启动）：1—有效，0—无效。D3（定时停止）：1—有效，0—无效。D2—D0 保留。

文中“—”表示该项命令不需下位机回复。

练习题

1. RS-232、RS-485、UART 等串行通信接口有什么区别?

2. MAX232 芯片在 UART 接口和 RS-232 接口转换过程中起到什么样的作用?为什么在+5V 供电的情况下，MAX232 能够产生±5V 以上的电平输出。

3. 在通过 C#语言设计上位机通信软件时，为什么要通过委托（delegate）的方式实现数据的接收?

4. 发送中断标志 TI0 和接收中断标志 RI0 在 UART 发送、接收过程中分别对应什么运行状态?

5. 在 UART 接收数据过程中，当 SBUF0 已经被填入 1 字节接收数据时，此时若有新的接收数据到达，SBUF0 将发生什么样的变化?

6. 本章设计使用的通信协议是针对“一主一从”通信结构的，若希望将该协议应用于“一主多从”的通信结构，则需要进行哪些修改?

7. 本章使用的通信协议，为什么用“固定包长”设计，这种设计会给后续的开发工作带来什么样的便利?

5　红外线遥控温度控制系统的设计与实现

5.1　任务描述

红外线遥控是利用红外线作为信息传输介质的一种无线、非接触通信手段。它具有抗干扰能力强、低功耗、低成本等优势，广泛应用于电子产品（尤其是家用电器）的控制领域。

红外线通信是一种常见的短距离、点对点的无线通信方式。红外线通信中红外线是信号传送的载体，在此载体上搭载包含信息的信号，实现通信双方的信息交换。另外需要注意的是，红外线通信易受环境光线的干扰（甚至日光灯都有可能带来影响），因此通常以载波调制的方式实现通信，最常用的频率是 38 kHz。由此也决定了红外线通信一般只能进行低速率的数据传输，无法满足对速率要求较高的音视频数据通信。

本任务要求为原有温度控制系统增加“红外遥控”接口，并设计实现红外遥控器，使新的系统可以通过红外遥控的方式实现温度控制的所有功能。

带有红外接口的温度控制系统和红外遥控器应分别实现以下基本功能。

（1）温度控制系统：①保留原有温度控制系统所有功能；②增加红外线通信接口；③可接收遥控器发送的控制命令，并执行对应操作；④对于需要回复的控制命令可通过红外发送电路反馈数据。

（2）红外遥控器：①具有红外数据发送、接收功能；②通过键盘操作输入发送命令及所需数据；③具有数码管显示功能，操作者可通过数码管观察输入命令及数据内容；④可接收温度控制系统反馈数据，并通过数码管显示。

5.2　任务分析

此任务基于原有温度控制系统的任务展开，保留温度控制的基本功能（温度变送、模/数转换、数/模转换以及驱动电路），对于人机交互部分进行扩展，将原有的本地操作及显示功能扩展为利用红外线遥控器进行遥控操作。

因此，此项目可分为扩展原有温度控制系统，红外线遥控器的设计实现。

从功能角度考虑，两部分内容分别完成了温度控制任务和人机交互任务；从技术开发角度考虑，两部分内容的开发重点都是扩展红外线通信功能。因此，本任务的重点应放在红外线通信的开发上。

主要解决以下几方面问题：①红外线发送端的方案设计；②红外线载波及调制器设计；③红外线接收端硬件设计；④发送及接收端程序设计；⑤应用层协议设计；⑥遥控器方案设计。

5.3 知识链接

5.3.1 红外线遥控编码标准

红外线遥控作为短距离、低速率通信手段常用于电器设备的遥控应用中，因此，编码标准最初由电器设备生产厂商设计、制定，并作为企业标准应用于产品中。由于红外通信应用广泛，产品也被市场接受，因此很多比较流行的企业标准被理解为“行业标准”并广泛使用。

较为常用的标准如：NEC、Philips RC-5、Philips RC-6、Sharp、Sony SIRC等。这里简要介绍 NEC 和 Philips RC-5 两种编码标准。

5.3.1.1 NEC 编码标准

NEC 编码标准使用 38kHz 的载波调制，属于脉冲宽度调制（PWM），其通过改变调制段与间隔段的比率表示数字“0”和“1”。

从图 5-1 可以看出，左图调制脉宽为 0.56 ms，间隔为 0.56 ms，周期为 1.125 ms 的组合代表二进制的“0”；右图调制脉宽为 0.56 ms，间隔为 1.685 ms，周期为 2.25 ms 的组合代表二进制的“1”。

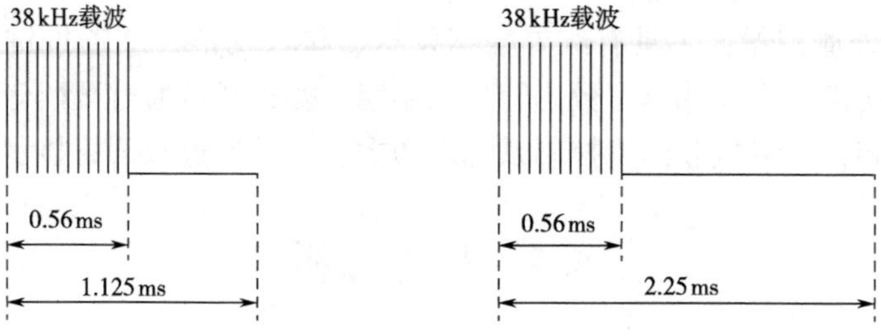

（a）“0”　　（b）“1”

图 5-1　NEC 编码形式

除此之外，NEC 编码的格式是以 32 位二进制为一组，在每组之前还有 9 ms 的引导码和 4.5 ms 的起始码。

一组 32 位二进制码可分为 4 段，每段 8 位，分别为：用户识别码、用户识别码（反码）、操作码、操作码（反码）。其中，用户识别码用于区分不同品牌；操作码用于表示操作内容（遥控器被按下的按键）。反码主要用于校验，提高传输的可靠性。

5.3.1.2 Philips RC-5 编码标准

Philips RC-5 编码标准要求载波频率为 36 kHz，通过载波脉冲在一个单元中所处的位置区分数据“0”和“1”（也可以按照我们较为熟悉的上升沿和下降沿的概念理解）。

图 5-2 表示 Philips RC-5 编码标准中二进制“0”和二进制“1”的形式。在一个单元内，若先空闲 889 μs，然后发送 889 μs 载波（相当于 32 个周期的载波信号），表示二进制“0”；若先发送 889 μs 载波，然后空闲 889 μs，则表示二进制“1”。

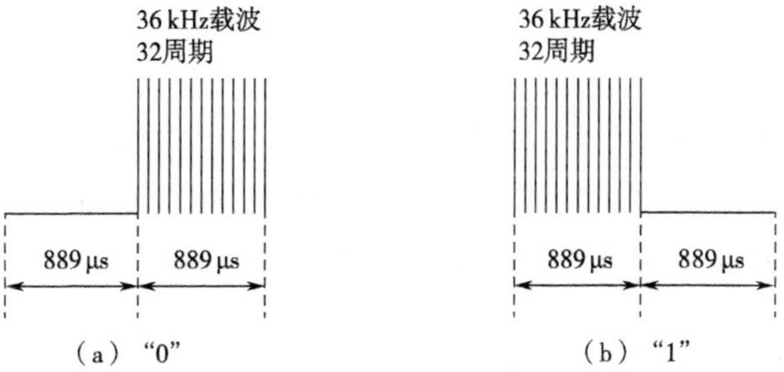

图 5-2 Philips RC-5 编码形式

Philips RC-5 编码标准数据格式如图 5-3 所示。

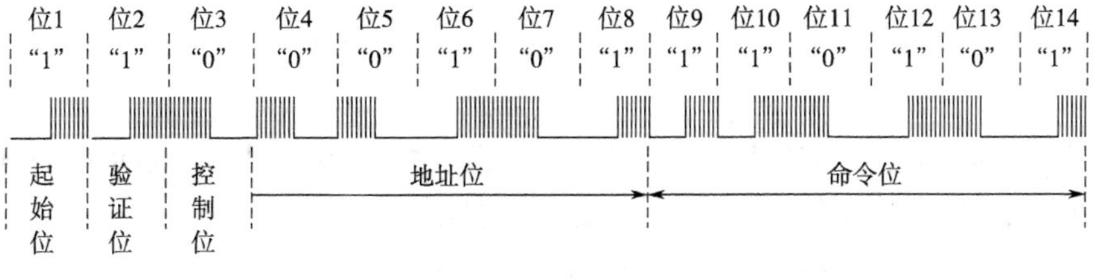

图 5-3 Philips RC-5 编码标准数据格式

（1）起始位：1 位，固定为“1”。

（2）验证位：1 位，若为“1”表示原始 Philips RC-5 编码标准；若为“0”表示扩展 Philip RC-5 编码标准。

（3）控制位：1位，当（遥控器）按键从松开到再次按下时，该位反转，利用这种方式，接收器可区分按键保持按下或反复按键。

（4）地址位：5位，一般用于表示设备类型等信息。

（5）命令位：6位（原始 Philips RC-5 编码标准）或 7 位（扩展 Philips RC-5 编码标准），表示（遥控器）按键值，即操作命令。

红外线遥控编码标准的种类还有很多，在此就不进行逐一介绍，感兴趣的读者可以自行查阅相关信息。

5.3.2 信号的调制

信号的调制指的是通过载波信号对信号源信息进行处理的过程。调制的目的是将信号源信息变换为更适合信道传输的形式。

调制的方法很多，根据调制信号的形式和被调信号的形式可以进行以下分类。

（1）按调制信号的形式可分为模拟调制和数字调制：用模拟信号调制称为模拟调制，用数据或数字信号调制称为数字调制。

（2）按被调信号的形式可分为脉冲调制、正弦波调制和强度调制（如对非相干光调制）等，它们使用的载波分别是脉冲波、正弦波和光波等。其中正弦波调制还包括幅度调制、频率调制和相位调制三种基本方式，频率调制和相位调制合称为角度调制。

不同的调制方式各有特点，针对的应用场景有所不同。红外遥控信号的调制一般采用脉冲调制中的脉冲宽度调制（PWM）或脉冲位置调制（PPM）。

“调制”是通信原理中的重要概念，应用在很多通信领域，与之相对应的还有“解调”技术，读者可阅读通信原理方面书籍加深对这一概念的理解。

5.4 任务实施应用开发

本项目要求完成两项任务：①具备红外遥控接口的“温度控制系统”；②可实现对“温度控制系统”远程操作的红外遥控器。

其中具备红外遥控接口的“温度控制系统”可由原“温度控制系统”扩展红外接口实现；遥控器则需单独进行设计。两个任务红外接口部分的设计（包括软件和硬件内容）相同，因此可先完成红外接口部分的设计工作。

在本项目中，对于传统编码标准进行一定的简化，提出适合本项目的红外编码方案。

结合我们对于 UART 接口的了解，选择 38 kHz 载波调制电路与异步串行接口

（UART）相结合的方式实现数据编码，通过红外发送和接收电路，较为容易地在两个带有 UART 接口的系统之间进行低速率无线异步串行数据传送，实现红外线遥控操作。编码形式如下：①载波频率为 38 kHz；②数据格式采用 8 位的 UART 数据标准；③发送载波代表数字“0”，不发送载波代表数字“1”；④UART 波特率为 1 200 bps。

红外调制信号波形如图 5-4 所示。

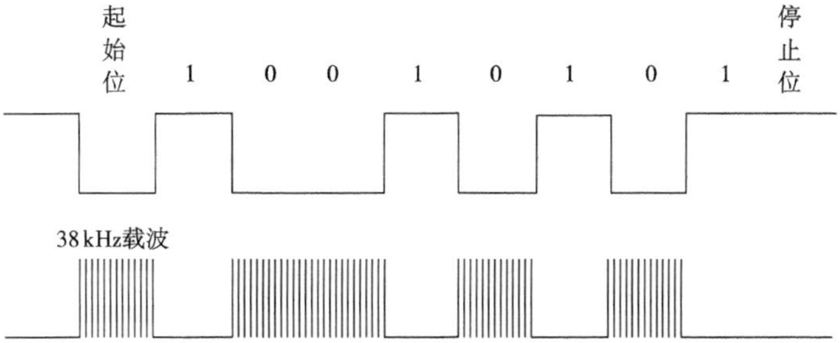

图 5-4　红外调制信号波形

5.4.1　红外发送电路的硬件设计

5.4.1.1　载波信号

根据之前的编码方案设计，红外发送信号由 38 kHz 的载波对 UART 数据进行调制获得。

从简便易行的角度出发，本项目中使用 74HC4060/CD4060 芯片产生 38 kHz 振荡信号。

74HC4060 芯片为 14 阶脉冲进位计数器/振荡器，它带有 3 个振荡器端口（RS、RTC 和 CTC）和 10 个缓冲输出端口（Q3～Q9、Q11～Q13）以及 1 个最高优先级异步主复位（MR）。振荡器配置可以是 RC 振荡设计，也可以是晶振电路设计。

将晶体振荡器接入 RS 引脚（此时令 RTC 和 CTC 引脚悬空），74HC4060 则进入计数状态，每当 RS 引脚的振荡器产生下降沿，则计数器增加。Q3～Q13 产生 RS 输入频率的 8～16 384 倍分频信号。

当 MR 端输入高电平则会清零计数器（Q3～Q9、Q11～Q13 为低），且不依赖于其他输入条件。

在本项目中，利用 74HC4060/CD4060 的分频功能产生 38 kHz 的载波信号。为 CD4060 芯片选择 5 MHz 的晶体振荡器作为输入，选择 Q7（128 倍分频）引脚作为输出（见图 5-5）。

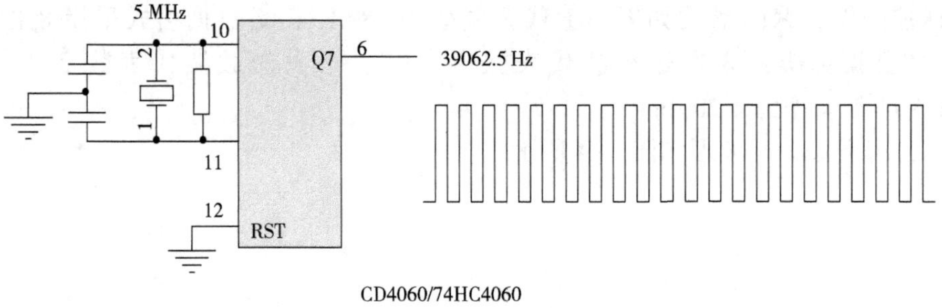

图 5-5　红外发射电路载波生成

根据计算可得：

$$f_{Q7} = (5\,000\,000/128)\ \text{Hz} = 39\,062.5\ \text{Hz}$$

Q7 引脚可输出频率为 39.062 5 kHz 的振荡方波，此频率与期望的 38 kHz 频率载波有一定差距（偏差约为 2.6%），但考虑到接收端器件的容错能力，此频率载波可以保证红外信号的正确收发。

5.4.1.2　数据信号

根据方案设计，数据信号来自 UART 串行数据，由单片机的 UART 接口获得。对于发送数据，确切来说，来源于 UART 接口的 Tx 端。此信号由程序控制，作为原始数据信息，直接参与红外信号的调制。

5.4.1.3　信号的调制方法

接下来，需要使用已经获得的载波信号对 UART 信号进行调制。图 5-6 为红外线发射信号的调制。

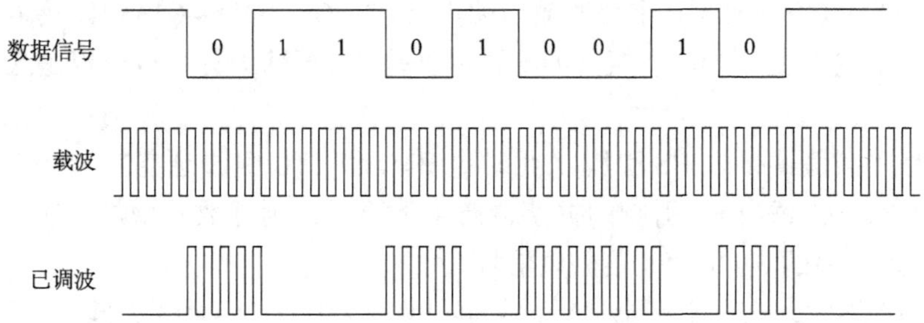

图 5-6　红外线发射信号的调制

通过观察图 5-6，可以得出“数据信号”“载波”“已调波”之间的逻辑关系，即在数据信号为高时，输出为“0”；在数据信号为低时，输出数据为载波信号。此需求恰好满足“或非”逻辑（“或非”操作会使得载波的相位发生反转，但这并不影响通信效果），因此，选择简单的或非门芯片（如 74LS02）即可轻松完成调制工作。

5.4.1.4 红外线的发射

红外线发光二极管电气特性与一般发光二极管类似，只需设计简单的驱动电路，即可将调制好的信号转换为红外线发出的信号（见图 5-7）。此电路使用的是波长为 940 nm 的红外发光二极管。

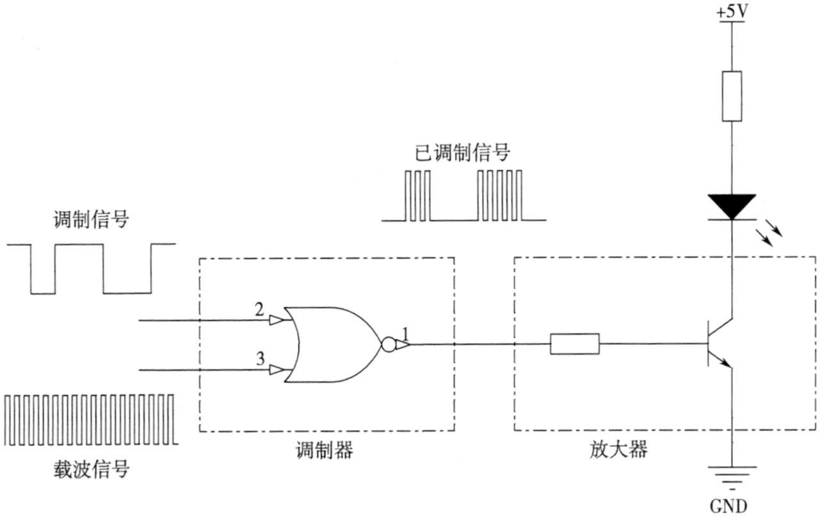

图 5-7 红外线发射电路

通过以上几个步骤，可以简便实现红外线发射部分的硬件电路设计，其中部分细节设计，如芯片选型、电源供电等留给读者自行完成。

5.4.2 红外接收电路的硬件设计

红外接收电路中，选用 HS0038A（见图 5-8）器件实现红外调制信号的解调。

HS0038A 是一款小型化的红外信号接收器，常用于红外遥控系统。其红外线接收波长为 95 nm、内有前置放大器以及解调电路。解调后的输出信号可以直接还原出需要的 UART 数据。

HS0038A 的外围电路设计也非常简单，只需增加简单的阻容即可实现红外信号的接收和解调功能，非常适合在类似本任务的小型系统中使用。

根据器件手册可以看出，HS0038A 的第 3 号引脚为解调后数据输出引脚

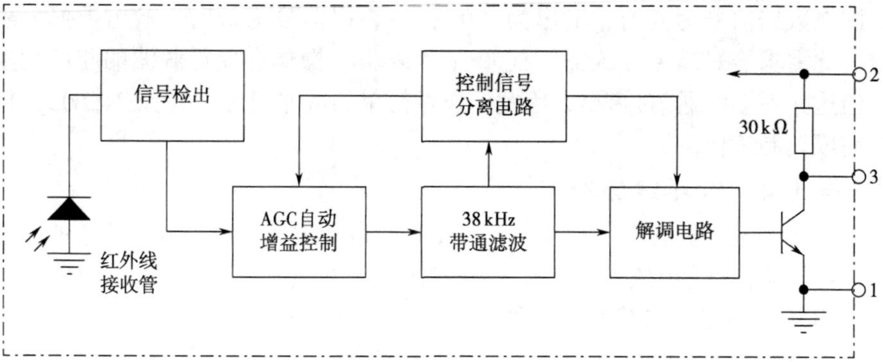

图 5-8　HS0038A 内部功能框图

(见图 5-9)，由于本任务中使用 UART 数据进行调制，解调后的数据也为标准 UART 数据，可以将 3 号引脚直接接入单片机 UART 接口的接收端 Rx 引脚，通过单片机读取红外线通信接口的接收数据。

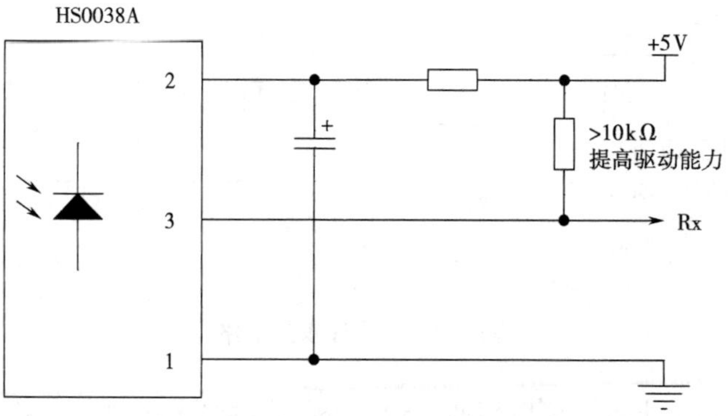

图 5-9　HS0038A 电路设计图

需要注意的是，HS0038A 上带有弧度的一面为红外线接收面，由于红外线具有一定的指向性，为了保证信号接收效果，在线路板布局中，需要将带有弧度的一面朝向外侧或红外线发来的方向。

至此，红外线遥控接口的硬件部分（发送电路和接收电路）设计已经完成。由于本任务中通信数据的来源为 UART 接口，因此，发送、接收数据的程序设计任务主要集中在对于 UART 接口的操作和数据处理上。

5.4.3　发送、接收程序设计

关于 UART 接口收、发的基本操作，在“上、下位机结构的温度控制系统的设计与实现”中已经做了较为详细的介绍，在此仅列出于红外线遥控通信的基本函数，供读者参考使用。

5.4.3.1 UART0 初始化函数

```
void UART0_init()
{
    CKCON = 0x00;        //选择系统时钟为时钟源
    SCON0 = 0x40;        //UART0方式1，接收有效
    TMOD = 0x22;         //C/T0、C/T1工作于方式2(8位重装填计数)
    TH1 = 0xE8;          //C/T1计数器在波特率1 200 bps速率下
                         //重装填计数值备份
    TL1 = 0xE8;          //C/T1计数器在波特率1 200 bps速率下计数值
    TR1 = 1;             //启动C/T1计数
}
```

5.4.3.2 UART0 发送数据包函数

UART 接口数据发送代码与“上、下位机结构的温度控制系统的设计与实现”中的发送代码类似，区别仅在于同步字的定义。为了区分两类通信方式，在 RS-232 的通信中使用的同步字为“COM”；在红外线通信过程中，使用的同步字为“IR”。IR 即为红外线（Infrared Radiation）的英文缩写。

发送代码示例如下：

```
/*连续发送5个字节的数据。前2个字节 'I' 'R' 为同步字(作为
发送红外数据的约定，规定于应用层协议），后3个字节为存放在全
局变量tran_buf[ ]中的数据。全部数据发送完毕之后，发送计数器
rece_counter为0结束数据发送操作。*/
void data_tran(void)
{
    unsigned tran_count = 5;          //定义发送计数器，初值为5
    REN0 = 0;                         //UART0禁止接收
                                      //红外线遥控数据发送必须如此
    while (tran_count)
    {
        switch (tran_count)           //测试发送计数器
                                      //确定当前发送的字节位置
        {
        case 5:      SBUF0 = 'A';     //第1个字节（A）的发送处理
            tran_count--;             //发送计数器减1
            break;

        case 4: SBUF0 = ' B ';        //第2个字节（B）的发送处理
            tran_count--;             //发送计数器减1
            break;
```

```
        case 3:

        case 2:

        //发送数据
        case 1: SBUF0 = tran_buf[3 - tran0_count];
            tran0_count--;              //发送计数器减1
        }
        while (TI0 == 0);               //等待UART0发送结束
                                        //UART0发送中断标志TI0=1
        TI0 = 0;                        //清除UART0发送中断标志
    }
    REN0 = 1;                           //UART0允许接收（REN0=1）
}
```

5.4.3.3 UART0 接收中断函数

本任务中 UART 数据接收代码同样与“上、下位机结构的温度控制系统的设计与实现”中接收代码类似，示例如下：

```
/*连续接收5个字节的数据。前2个字节'I''R'为同步字不保存
但须做匹配处理，不匹配则接收失败，接收过程终止，状态复位。后
3个字节为需要存储的数据，存放在全局变量rece_buf[ ] 中。全部数
据接收完毕之后，接收计数器rece_counter为0结束数据接收操作。
须定义全局变量rece_state 初值为0，用于控制接收过程。*/
void UART0_inter() interrupt 4
{
    uchar temp, rece_counter;
    if (TI0 == 1)  TI0 = 0;      //发送中断标志为1则清除该标志
    else                         //接收中断标志为1进行数据接收处理
    {
        temp = SBUF0;            //读取UART0接收缓冲器数据
        switch (rece_state)      //测试UART0接收操作状态
        {
            //接收的字符为I,接收状态更改为1
            case 0:
                if (temp == 'I')
                    rece_state = 1;
                break;
            //接收的字符为R的处理
            case 1:
                if (temp == 'R')
                {


                    rece_state = 2;      //接收状态更改为2
                    rece_counter = 3;    //接收字节计数器置为3
                }
                else
                    rece_state = 0;      //接收字符不为R，接收状态复位
            break;
```

```
                case 2:
                    //读取的数据送数据接收寄存器
                    rece_buf[3 - rece_counter] = temp;
                    rece_counter--;             //接收字节计数器减1
                    if (rece_counter == 0)
                        rece_state = 0;         //接收计数器为0，接收状态复位
            }
            RI0 = 0;                            //清除接收中断标志
        }
    }
```

以上代码为红外线遥控接口控制及数据包处理程序，依此可实现红外线遥控的数据收、发功能。

5.4.4 应用层协议设计

通过对于“上、下位机”章节的学习，我们了解到UART数据以及红外遥控数据的收、发成功，只是表明了数据本身交互工作的完成。对于数据内容的定义以及通信的管理，还需要通过应用层协议来规定。

针对本任务设计的应用层协议可以参考“上、下位机结构的温度控制系统的设计与实现”任务中的应用层协议，本任务中只需对数据包格式进行适当修改。

（1）主从通信方式只能由主机（遥控器）发起，从机（温控系统）只能响应主机的请求。

（2）主机在发送需要从机回复的命令后，等待从机响应，若长时间未收到从机响应或响应内容错误，则主机选择重新发送请求或报错。

（3）数据发送、接收以数据包的形式实现，且无论哪种数据信息，数据包长度一致（数据量不足可以通过固定数据补足，如0xFF）。

（4）在数据信息之前增加固定的同步字（“I”“R”），作为数据包头。

红外线遥控发送命令和应答数据格式见表5-1。

5.4.5 红外线遥控器的设计

本项目中，要求完成具有红外线遥控接口的“温度控制系统”和红外线遥控器两个任务。

参考前面章节针对红外线通信接口软、硬件的设计内容，只需在原有温度控制系统基础上进行扩展，并配以应用层协议代码，即可满足“具有红外线接口的温度控制系统”的任务要求。

红外线遥控器除需具备红外线遥控接口外，还需具备按键输入、数码管显示等相关功能，因此，以下将对红外线遥控器的设计进行简单介绍。

表 5-1 红外线遥控发送命令和应答数据格式

遥控器发送命令					温度控制系统应答数据			
命令	同步字	操作码	操作数 1	操作数 2	同步字	操作码	操作数 1	操作数 2
温度设定	"I" "R"	A（B，C，D）0	00H~63H（整数）	00H~63H（小数）	—	—	—	—
温度设定值增 1		A（B，C，D）1	FFH	FFH		—	—	—
温度设定值减 1		A（B，C，D）2	FFH	FFH		—	—	—
温度控制启动/停止		A（B，C，D）3	FFH	FFH		—	—	—
延时启动时间设置		A（B，C，D）4	00H~3BH（分）	00H~3BH（秒）		—	—	—
延时停止时间设置		A（B，C，D）5	00H~3BH（分）	00H~3BH（秒）		—	—	—
当前温度查询		A（B，C，D）8	FFH	FFH	"I" "R"	A（B，C，D）8	00H~63H（整数）	00H~63H（小数）
延时启动时间查询①		A（B，C，D）A	FFH	FFH		A（B，C，D）A	00H~3BH（分）	00H~3BH（秒）
延时停止时间查询		A（B，C，D）B	FFH	FFH		A（B，C，D）B	00H~3BH（分）	00H~3BH（秒）
当前时间查询		AC	FFH	FFH		AC	00H~17H（时）	00H~3BH（分）
工作状态查询		A（B，C，D）E	FFH	FFH		A（B，C，D）E	00H~F8H②	FFH

注：①延时时间为启动延时操作以后的倒计时剩余时间。

②D7：1—启动，0—停止。D6（延时启动）：1—有效，0—无效。D5（延时停止）：1—有效，0—无效。D4（定时启动）：1—有效，0—无效。D3（定时停止）：1—有效，0—无效。D2~D0 保留。

基于“遥控器”本身的产品定位，设计思路是在满足基本的通信、输入、显示等功能要求基础之上兼顾小型化的特点，因此只需在原有 C8051F023 CORE 模块基础上扩展按键 4 个、8 段数码管 2 位，以及必备的红外线遥控接口（见图 5-10）。

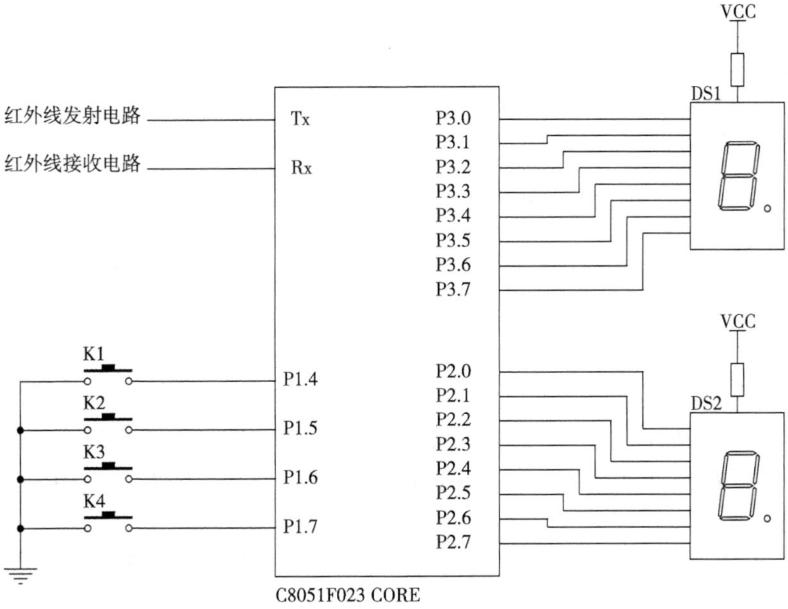

图 5-10　红外线遥控器设计框图

4 个按键可分别定义为以下功能。

K1——操作码输入按键。点击进入操作码输入环节（操作码参考“操作命令表”）；连续点击 K1，操作码从 A0～AE 循环切换。

K2——操作数输入值增加按键。在操作数输入环节，点击 K2 则数字加 1（针对十位和个位分别操作）。

K3——操作数位切换按键。点击 K3 切换操作数输入位数（个位或十位）。

K4——确认及发送按键。在操作码输入环节，点击则代表确认当前的输入码，并切换至操作数输入环节；在操作数输入环节，点击则代表确认当前数位下的输入数字 。

在操作数输入完成后，点击则代表发送数据。

2 位数码管显示的内容配合按键输入内容，在操作码输入环节分别显示“A”“0”～“A”“E”；在操作数输入环节分别显示十位和个位输入内容；在接收返回数据环节分别显示返回数据的十位和个位。

红外线接口部分的设计可参考之前章节的内容，在此不再赘述。

需要指出的是，以上的操作数输入功能设计中包含了十位和个位输入的切换，因此，有必要通过数码管的显示方式指明当前操作位置（当前按键是对十位还是个位进行操作）。在此，考虑通过“当前输入位闪烁”的方式为操作者指明当前输入位置。

数码管闪烁功能实际上是通过一定的时间周期反复执行数码管点亮和熄灭的函数实现的，可通过轮询计数的方式实现此功能，但由于受到代码中其他任务的影响，轮询技术将很难保证闪烁频率一致。因此，更为常用的办法是使用定时器中断的方式实现这类定时功能。

5.4.6 定时器的应用

C8051F020/1/2/3 芯片内部有 5 个计数器/定时器，这些计数器/定时器可用于测量时间间隔、对外部触发计数以及周期性地产生中断。这 5 个计数器/定时器的功能有所区别，受限于篇幅，这里只针对定时器 0 在本任务中的应用进行描述。

计数器/定时器的使用是通过对相应的特殊功能寄存器（SFR）的读、写实现的。与计数器/定时器 0 设置相关的特殊功能寄存器主要包括 TMOD、TCON、TH0、TL0 等。

通过对定时器方式寄存器（TMOD）的设置，可以选择定时器工作的 4 种方式，分别如下。

（1）方式 0：13 位计数器/定时器。

（2）方式 1：16 位计数器/定时器。

（3）方式 2：8 位自动重装载的计数器/定时器。

（4）方式 3：两个 8 位计数器/定时器。

在本任务中，选择方式 2（8 位自动重装载方式）实现闪烁计时功能。通过设置 TMOD 寄存器的 T0M1～T0M0 位设置计数器/定时器 0 的工作方式。

5.4.6.1 计数器/定时器方式寄存器（TMOD，见图 5-11）

读/写	读/写	读/写	读/写	读/写	读/写	读/写	读/写
GATE1	G/T1	T1M1	T1M0	GATE0	G/T0	T0M1	T0M0
位7	位6	位5	位4	位3	位2	位1	位0

图 5-11 定时器方式寄存器（地址：0x89）

（1）位 7。GATE1：定时器 1 门控位。

0：TR1=1 时启动定时器 1。

1：TR1=1 且/INT1 时启动定时器 1。

（2）位 6。C/T1：计数器/定时器功能选择位。

0：定时器功能，定时器 1 根据 CKCON 寄存器 T1M 位选择的时钟增加数值。

1：计数器功能，定时器 1 根据输入引脚（T1）的负跳变增加数值。

（3）位 5~4。T1M1~T1M0：定时器 1 工作方式选择。

“0 0”为方式 0；“0 1”为方式 1；“1 0”为方式 2；“1 1”为方式 3。

（4）位 3。GATE0：定时器 0 门控位。

0：TR0=1 时启动定时器 0。

1：TR0=1 且/INT1 时启动定时器 0。

（5）位 2。C/T0：计数器/定时器功能选择位。

0：定时器功能。定时器 0 根据 CKCON 寄存器 T1M 位选择的时钟增加数值。

1：计数器功能：定时器 0 根据输入引脚（T0）的负跳变增加数值。

（6）位 1~0。T0M1~T0M0：定时器 0 工作方式选择。

“0 0”为方式 0；“0 1”为方式 1；“1 0”为方式 2；“1 1”为方式 3。

5.4.6.2 计数器/定时器 0 低字节寄存器（TL0，见图 5-12）

位 7~0。TL0：定时器 0 低字节。

TL0：计数器/定时器 0 的 16 位计数器中的低 8 位。

读/写	读/写	读/写	读/写	读/写	读/写	读/写	读/写
位7	位6	位5	位4	位3	位2	位1	位0

图 5-12　计数器/定时器 0 低字节（地址：0x8A）

5.4.6.3 计数器/定时器 0 高字节寄存器（TH0，见图 5-13）

位 7~0。TH0：定时器 0 高字节。

TH0：计数器/定时器 0 的 16 位计数器中的高 8 位。

读/写	读/写	读/写	读/写	读/写	读/写	读/写	读/写
位7	位6	位5	位4	位3	位2	位1	位0

图 5-13　计数器/定时器 0 高字节（地址：0x8C）

当计数器/定时器0工作于方式2（8位自动重装载的计数器/定时器）时，寄存器TL0用于计数，TH0用于保存装载数值。当TL0在计数过程中发生溢出（数值变为0x00）时，溢出标志TF0被置位，并产生中断（在中断允许的情况下），同时TH0中保存的装载数值被赋给TL0，计数操作继续。

根据遥控器字符闪烁的需求，需要设定计数器/定时器0以定时器方式工作且工作于方式2，定时器启动不需要依赖INT0。因此，可以设置TMOD值为0x02。由于本任务中定时器/计数器1被用于UART通信的波特率发生，因此TMOD值高4位需要改变，最终TMOD被设置为0x22。

由于C/T0位被设置为0，计数器/定时器0的时钟来源由CKCON的位3设置决定，将此位设置为"0"，选择"使用系统时钟的12分频"。

在此以200 μs定时任务为例计算计数器/定时器的装载值。C8051F023 CORE硬件设计中，系统时钟频率选择为11.059 2 MHz。此时若选择TH0装载值为0xB8，则可得到约200 μs的定时周期，计算过程可参考下式：

$$T = \frac{12}{11.0592\,\text{MHz}} \times \text{0xB8} = 199.65\,\mu\text{s} \approx 200\,\mu\text{s}$$

一般情况下，为了第一次计数或定时的顺利进行，初始化过程中，将装载值赋值给TH0的同时作为初始化值赋值给TL0。

完成了TMOD、TH0、TL0的设置，就基本完成了计数器/定时器0的初始化，但在运行过程中还需关注TCON寄存器。

TCON寄存器的第5位和第4位同计数器/定时器0的定时功能相关。

（1）位5。TCON.TF0：定时器0溢出标志。

当定时器0溢出时由硬件自动设置该位为1。该位可以通过软件清零，但当CPU转向定时器0中断服务程序时该位被自动清零。

0：未检测到定时器0溢出。

1：定时器0发生溢出。

（2）位4。TCON.TR0：定时器0运行控制。

0：定时器0停止。

1：定时器0启动。

掌握了以上相关知识，便可开始编写定时器0初始化函数。

```
void Timer_Init(void)
{
    TMOD = 0x22;          //C/T0、C/T1 工作于方式2(8位重装填计数)
    TH0 = 0xB8;           //TH0作为重装填计数器，填入0xB8
    TL0 = 0xB8;           //TL0计数器填入0xB8实现200μs计时
    TR0 = 1;              //启动 C/T0 计数
}
```

初始化代码中，首先完成了对于 TMOD 函数的设置，将定时器/计数器 0、1 均设置为工作方式 2，然后分别为两个计数器（TH0、TH2）填入计数初值，其中 TH0 的初值用于重装计数器使用。TR0 为 TMOD 寄存器的“位 3”，赋值为 1 则启动计数器/定时器 0 工作。

在此强调，在“红外线遥控器”任务中，还涉及 UART0 接口的使用，而 UART0 的使用可能涉及计数器/定时器 1，所以某些特殊功能寄存器的设置需要根据应用场景进行修改。读者也可将关于计数器/定时器 1 的设置与计数器定时器 0 的设置代码组合，放置于函数中。

在完成了计数器/定时器 0 的初始化设置后，还需要根据任务需求编写中断服务函数，以实现需要的定时闪烁功能。

中断服务程序参考如下：

```
void flash_timer(void) interrupt 1
{
    //每次中断服务程序被调用外部变量timer0计数加1
    timer0++;
    if (timer0 > 50)                    //timer0计数大于50判断
    {
        timer0 = 0;                     //timer0计数0
        timer1++;                       //timer1计数加 1
        if (timer1 > 80)                //timer1计数满处理
        {
            timer1 = 0;                 //timer1计数清 0
            display_flash = ~display_flash;     //显示闪烁标志取反
            if (display_flash == 1)     //显示闪烁标志为 1 的处理
            {
                switch (state)          //state表明当前工作状态
                {
                case 0:
                    LEDH = 0xff;    //清除高、低位 LED 显示
                    LEDL = 0xff;
                    break;
                case 1:
                    LEDL = 0xff;
                    break;
                case 2:
                    switch (loc_point)  //判断当前显示数位
                    {
```

```
                    case 0:
                    case 2:
                        LEDH = 0xff;
                        break;
                    case 1:
                    case 3: LEDL = 0xff;
                    }
                    break;
                case 3:;
                }
            }

            else                        //显示闪烁标志为 0 的处理
            {
                switch (state)
                {
                case 0:
                    LEDH = display_bufh; //显示数据高、低位显示
                    LEDL = display_bufl;
                    break;
                case 1:
                    LEDH = display_bufh; //显示数据高、低位显示
                    LEDL = display_bufl;
                    break;
                case 2:
                    switch (loc_point)
                    {
                    case 0:
                    case 2:
                        LEDH = display_bufh;
                        break;
                    case 1:
                    case 3:
                        LEDL = display_bufl;
                    }
                    break;
                case 3:;
                }
            }
        }
    }
}
```

计数器/定时器 0 每次溢出则触发中断，进入该中断服务程序。该中断服务程序使用内外两层循环，外层循环为 50 个周期，内层循环为 80 个周期，即每进入该中断服务程序 50×80 次，即执行一次函数功能代码。

计数器/定时器 0 设置的定时周期为 200 μs，即每 0.8 s 执行一次功能代码。(50×80×200 μs = 0.8 s)。

函数名中 interrupt 1 为中断服务向量号，计数器/定时器 0 对应向量号为 1。代码中 display_flash 为数码管亮灭标志，执行 display_flash = ~display_flash 为变更

该变量状态；display_bufh 和 display_bufl 为外部变量，用于保存高、低位需要显示的数据信息；state 用于指明闪烁方式（两位同时闪烁或某位单独闪烁）；loc_point 用于指明是高位单独闪烁还是低位单独闪烁。

此段代码的顺利运行，还依赖于上下文的设置，包括部分外部变量的设置。在此，只是为读者说明具体使用定时器控制数码管字符闪烁的方式。

至此，读者应该基本掌握了计数器/定时器 0 的使用方法，其余的计数器/定时器使用方法与此类似，读者可参考芯片的数据手册进行学习。

练习题

1. 比较 NEC 编码标准和 Philips RC-5 标准的区别。

2. 为什么在红外线通信的各种标准中均有调制环节，若不进行调制直接发送信号会带来什么弊端？

3. 红外遥控器的硬件框图（见图 5-10）中，数码管为什么不需要使用锁存器锁存数据？与温度控制系统中的数码管控制电路相比，此处设计有何不同？

4. C8051F020/1/2/3 芯片内部有几个计数器/定时器？这些计数器/定时器的功能是否有所区别？若有区别，主要体现在哪些方面？

5. C8051F023 单片机计数器/定时器 0 的 4 种工作方式分别是什么？

6. 基于本章的硬件设计，若希望将数码管闪烁间隔时间改为 1 秒，代码需要如何修改？

7. 在使用中断服务函数接收 UART 数据时，为什么需要先判断 TI0 的状态？

6 基于 CAN 总线的闭环温度控制系统的设计与实现

6.1 任务描述

CAN 的全称为 Controller Area Network（控制器局部网络），是一种直接应用于工业控制现场总线型拓扑的通信网络。CAN 最早用于轿车各传感器与控制部件之间的数据交换，经过多年的发展、完善，现在已经在工业现场总线中广泛使用。

本项目要求应用 CAN 总线作为通信手段，基于原有温度控制系统，增加远程通信功能，实现具备 CAN 总线通信功能的远程操作闭环温度控制系统。

（1）从结构上看，整体系统可分为两大主要部分：操作端与执行端。

1）操作端：作为远程操作接口，通过键盘等人机接口设备获得用户的操作指令；将操作指令按照规定好的协议格式，通过 CAN 总线通信方式，发送至执行端。

2）执行端：通过 CAN 总线通信接口，接收来自操作端的控制指令，根据控制指令内容实现温度设定、启停控制、数据查询、状态查询等温度控制相关操作。

（2）从功能模块设计角度看。

1）操作端实现控制命令的输入、相关数据的显示以及通过 CAN 总线与执行端之间的数据交互，主要包括以下功能：①人机交互接口：包括键盘输入及显示功能。②CAN 总线接口：包括 CAN 总线协议栈以及 CAN 收发器。

2）通过 CAN 总线接收操作端的指令，根据指令执行对应操作，并将执行结果反馈给执行端，主要包括以下功能：①温度控制系统：根据设定温度要求，完成温度控制。②显示模块：显示接收到的报文数据，以及温度控制相关信息。③CAN 总线接口：包括 CAN 总线协议栈以及 CAN 收发器。④实时时钟：发送含有时间信息的报文。

对比之前的任务，本任务相当于在保持原有温度控制功能基本不变的情况下，增加了使用 CAN 总线远程操作的接口。因此，在本章中并不针对操作端和控制端设计进行讲解，而是重点讲解 CAN 总线的知识以及在 C8051F023 平台上扩展 CAN 总线的方法。在掌握 CAN 总线基本使用方法的基础上，操作端和控制端的细节设计留给读者自行实现。

6.2 任务分析

本项目的开发工作依赖之前完成的“温度控制系统”平台，在原有温度控制基本功能不变的基础上，为系统扩展基于 CAN 总线的远程控制功能。因此，原有温度控制相关软、硬件设计可以基本保留（针对通信功能需求，软件设计需进行适当修改），主要工作重点在于扩展 CAN 总线软、硬件设计以及满足温度控制场景应用的应用层通信协议的设计。

在明确本任务的主要开发工作基础上，本章按照以下步骤，循序渐进地逐步介绍开发工作。

（1）知识链接部分介绍 CAN 总线基本原理，包括通信模型、电平特点、报文形式等。

（2）完成 CAN 总线部分的硬件电路设计，包括芯片方案选择、电路连接。

（3）实现 C8051F02x 平台上 SPI 接口的应用，为 CAN 总线控制器芯片的应用建立基础。

（4）根据 MCP2510 的指令集要求，编写 SPI 接口的指令函数，为之后操作 MCP2510 芯片提供手段。

（5）通过对 MCP2510 芯片进行设置，实现 CAN 报文收发的基本操作。

（6）针对“温度控制系统”场景，设计应用层协议，定义报文格式。

（7）读者根据掌握的知识以及技术要点，自行编写应用层协议代码，实现任务全部要求。

6.3 知识链接

CAN 总线作为最好的现场总线之一，相比较之前介绍的 RS-232 总线要复杂很多，因此，在此对 CAN 总线的基本情况进行详细介绍，以便读者在理解 CAN 总线概念的基础上开展设计和开发工作。

CAN 最早由德国 Bosch 公司在 1986 年开发完成。1993 年国际标准化组织（ISO）公布了第一个 CAN 总线国际标准 ISO 11898：1993。

CAN 总线设计之初是为了满足汽车电子系统的应用场景，但是由于其在诸多方面的优势，目前在交通、医疗、电力、化工、建筑控制等领域得到了广泛的应用。目前，CAN 总线已经成为工业通信系统的主流技术之一。

CAN 总线的优势主要包括以下几个方面。

（1）通信实时性强。CAN 总线可以使用双绞线、同轴电缆或光纤进行数据传输，通信速率可达 1 Mbps 以上。另外，相比于 RS-232 或 RS-485 只能构成主从结构的特点，CAN 总线通信系统中各个网络节点均可根据总线优先权主动向总线发送数据。CAN 总线协议还放弃了传统的站地址编码，而使用数据块的标识符区分节点，可在数据传输中实现“一对多”的数据发送。

（2）开发便捷。由于 CAN 总线具有较为完备的链路层协议，能够保证总线数据顺利交互。且 CAN 总线节点具备错误处理机制，可避免由于个别节点出错从而影响整体网络的情况出现。这就使得用户在开发过程中只需关注数据内容等问题，不必在数据传输环节进行过多的开发工作。在硬件方面，多款针对 CAN 总线协议的控制器以及收发器的广泛使用，使得硬件开发更为简便。

（3）市场前景更为广阔。CAN 总线协议规范已经成为国际标准，一方面使得 CAN 总线设备的开发更加规范；另一方面也极大地拓宽了 CAN 总线的应用场景。

CAN 总线属于现场总线（Field Bus）技术之一，与之类似的还有 Hart 总线、LonWorks 总线等。

6.3.1 CAN 总线通信模型

对比 ISO/OSI 七层标准模型，CAN 总线仅实现了标准模型中的物理层和数据链路层，而应用层的设计需要开发者参考应用场景完成。

其中，物理层定义了 CAN 总线信号的传输形式以及驱动器和接收器的特性；数据链路层则包括媒体访问控制子层和逻辑链路子层。媒体访问控制子层（MAC）实现了 CAN 总线协议的核心内容，它主要定义了数据的传输规则，包括帧结构、仲裁、错误界定和故障界定等；逻辑链路子层（LLC）主要实现报文的接收滤波、超载通知和恢复通知。

应用层的协议则需要用户根据应用场景进行设计，实现对于数据字节的定义、通信模式、节点的定义规则等。

CAN 总线的通信参考模型见表 6-1。

表 6-1　CAN 总线通信模型

物理层	位编码 位定时 同步 驱动器接收器特性

数据链路层	媒体访问控制子层（MAC） 数据封装/拆装 帧编码（填充/解除填充） 媒体访问控制 错误监听 出错标定 应答 串行化/解除串行化
	逻辑链路子层（LLC） 接收滤波 超载通知 恢复管理

6.3.2 CAN 总线信号电平

CAN 总线通过 CANH 和 CANL 两根信号线传输数据，CANH 和 CANL 间的差分电压代表数据类型。

CAN 总线共有两个逻辑状态（见图 6-1）：显性状态和隐性状态。当 CANH 和 CANL 两条信号线间电压差接近于 0 时，此时相当于总线传送隐性状态（隐性位）；当 CANH 和 CANL 间的电压差明显高于隐性状态电压差（一般为 2~3 V），总线传送显性状态（显性位）。

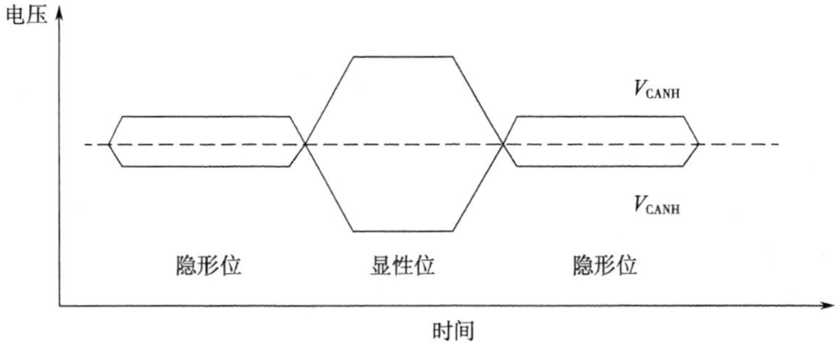

图 6-1 CAN 总线的隐性位和显性位

总线上的显性状态可以覆盖隐性状态。若总线中同一时刻只有一个节点传送数据，则总线状态由该节点发送数据决定；若两个不同节点在同一时刻分别发送显性位和隐性位，则显性位会覆盖隐性位，总线上呈现显性状态。

6.3.3 CAN总线帧格式

在CAN 2.0规范中规定了标准帧和扩展帧两种不同的帧格式，主要区别在于标识符的长度，前者为11位，后者为29位，二者传送的数据字长都是0~8个字节。

根据不同的用途，CAN的报文帧可以分为4种类型：数据帧、远程帧、出错帧和超载帧。

（1）数据帧：用于发送节点和接收节点之间传输数据。

（2）远程帧：用于请求其他节点为本节点发送具有规定表示符的数据帧。

（3）出错帧：检测出总线错误的节点向总线发出错误通知。

（4）超载帧：由接收能力达到极限的节点发出，用以推迟接收数据帧。

在本任务中，主要使用数据帧实现通信功能，因此下面针对数据帧相关内容展开较为详细的介绍。

6.3.4 数据帧

数据帧主要由7个不同的位场组成，分别为帧起始、仲裁场、控制场、数据场、校验场（CRC）、应答场、帧结束（见图6-2）。

图6-2　CAN的数据帧

（1）帧起始。帧的起始位由一个显性位构成，标志着一个数据帧的开始。所有总线上节点必须同步于该位的前沿。只有当总线处于空闲的状态，节点才被允许发送数据帧。

（2）仲裁场。根据CAN 2.0B规范，标准帧和扩展帧的仲裁场格式有所不同。

标准帧中，仲裁场由11位标识符（ID28~ID18）和远程发送请求位（RTR）组成，具体如图6-3所示。

扩展帧中，仲裁场由29位标识符（ID28~ID0）、替代远程请求位（SRR）、标识位（IDE）、远程发送请求位（RTR）组成，具体如图6-4所示。

（3）控制场。控制场共6位，包括IDE/R1、R0和DLC。其中：

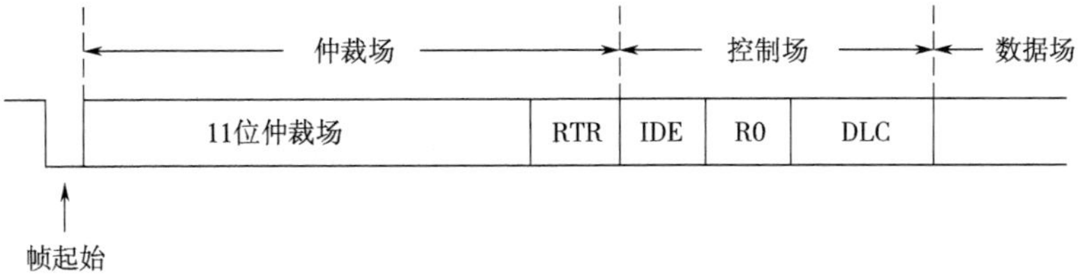

图 6-3　CAN 标准帧仲裁场

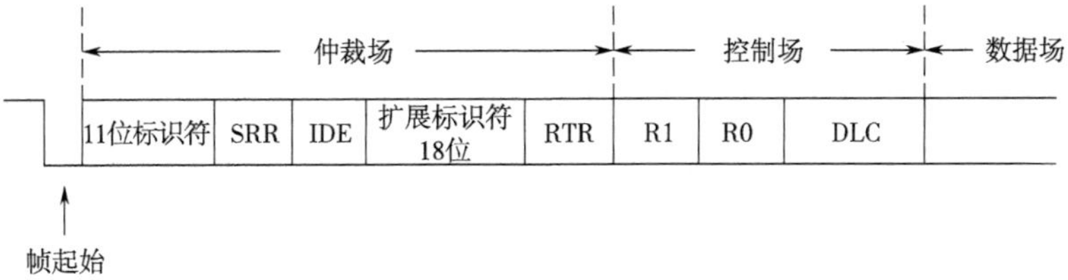

图 6-4　CAN 扩展帧仲裁场

1）IDE（Identifier Extension bit）为扩展标识符位，用来表示该帧是标准格式还是扩展格式。

2）R0（Reseved 0）为保留位。

3）DLC（Data Length Code）为数据长度编码位，共 4 位，用来表示数据场长度。DLC 编辑对应数据长度见表 6-2。

表 6-2　DLC 编码对应数据长度

数据场长度	DLC3	DLC2	DLC1	DLC0
0	d	d	d	d
1	d	d	d	r
2	d	d	r	d
3	d	d	r	r
4	d	r	d	d
5	d	r	d	r
6	d	r	r	d
7	d	r	r	r
8	r	d	d	d

表中 d 代表“显性位”，r 代表“隐性位”。

(4) 数据场。发送的数据内容最多为 8 字节，最少为 0 字节；先发送高有效位。

(5) 校验场。校验场包括循环校验序列（CRC Sequence）和界定符(Delimiter)。循环校验序列为 15 位，用以校验传输正确性；界定符为 1 位隐性位，标志校验序列结束。

(6) 应答场。应答场（ACK）为两位，包括应答间隙符和应答确认符。

发送节点在应答场中发出两个隐性位，正确接收到有效报文的节点会在应答间隙发送一个显性位来覆盖发送间隙的隐性位，通知发送节点报文被正常接收。

(7) 帧结束。帧结束为 7 个连续的隐性位。

以上简要介绍了 CAN 总线中数据帧的基本格式，此外，CAN 总线还定义了远程帧、出错帧和超载帧，由于在本任务中并不涉及，在此不做介绍，有兴趣的读者可自行阅读相关资料学习。

6.4 任务实施应用开发

在了解了 CAN 总线基本协议规范后，本节将完成温度控制系统中 CAN 总线通信功能的设计与实现。

6.4.1 CAN 总线的硬件设计

CAN 总线通信协议通常使用 CAN 总线通信控制器实现，一般较为常用的芯片有 SJA1000 和 MCP2510 等。在本任务中选择 MCP2510 实现 CAN 总线控制器功能。

MCP2510 是一款由 Microchip 公司生产的 CAN 总线控制器，完全支持 CAN2.0 A/B 技术规范，能够实现标准报文和扩展报文的收发功能。此外，MCP2510 具有报文验收滤波及屏蔽寄存器，使用户可以便捷地控制接收报文的来源，三个发送缓冲器和两个接收缓冲器承担了 MCU 大量的通信管理工作，减少了设计、开发难度，同时提高了可靠性。

MCP2510 可以通过流行的 SPI 口与 MCU（C8051F023）连接，适配绝大多数的常用 MCU 器件，其传输速率最高可达 5 MB/s。

实现对于 MCP2510 的控制需要掌握 SPI 相关知识，以及 SPI 接口在 C8051F023 CORE 上的使用方法，这些相关内容会在本章后面部分进行详细介绍。

另外需要注意的是，MCP2510 仅仅实现了 CAN 通信协议的控制功能，想要实现完整的 CAN 总线通信功能，还需增加 CAN 总线的物理总线接口（收发器芯片）。本任务中选择 PCA82C250 芯片实现这部分功能。

PCA82C250 芯片可以配合 MCP2510 芯片使用，其功能较为简单，主要是完成 TXD、RXD 的串口数据与 CAN 总线差分信号间的转换。

CAN 通信功能接口设计框图如图 6-5 所示。

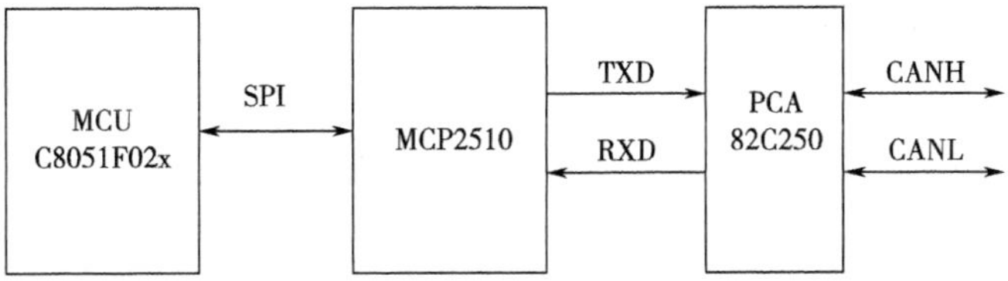

图 6-5　CAN 通信功能接口设计框图

CAN 总线共实现了 ISO/OSI 模型当中的两层，分别为物理层和数据链路层。设计过程中，可以将 MCP2510 和 PCA82C250 的作用简单理解为针对这两层模型的实现。

图 6-6 为 CAN 总线通信接口设计电路，其中 Y1 为晶体振荡器，振荡频率为 12 MHz。

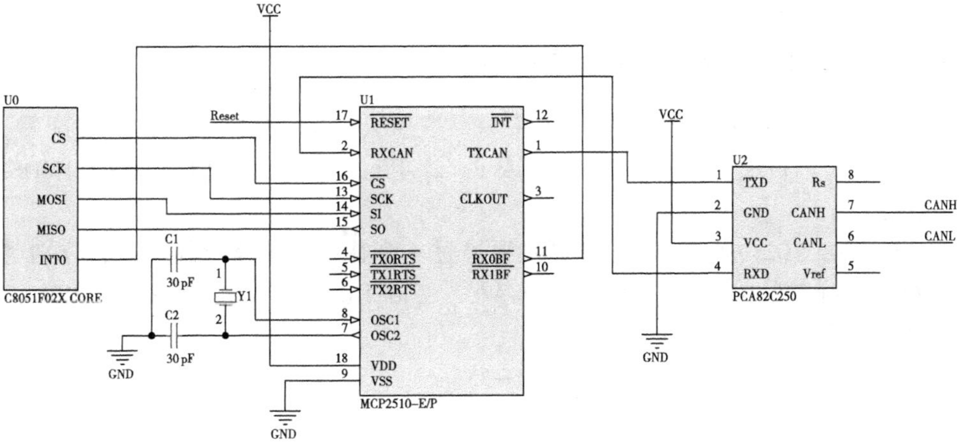

图 6-6　CAN 总线通信接口设计电路

MCP2510 作为 CAN 总线控制器，通过 SPI 接口与单片机系统（C8051F02x CORE）连接。为了便于读者开展工作，在介绍 MCP2510 之前，先对 SPI 接口进行简单介绍。

6.4.2　SPI 接口简介

SPI（Serial Peripheral Interface）串口外围设备接口是一种高速、全双工、同步传输的数据通信总线。它最早由 Motorola 公司提出，后因其高速、便捷等优势而迅速发展，目前市场上主流 MCU 产品均具备 SPI 接口。

SPI 总线由 4 根信号线组成，分别为 MISO（主收从发）、MOSI（主发从收）、SCLK（时钟信号）、CS 或 NSS（选通信号）。

SPI 总线具有以下特点。

（1）采用主从方式（Master/Slave）工作。SPI 规定了通信的双方区分为主、从设备，通信必须由主设备（Master）发起。主设备可以通过选通信号控制多个子设备（Slave）。SCLK 时钟信号由主设备发送，从设备不能产生或影响 SCLK 信号。

（2）采用同步方式（Synchronous）工作。时钟信号 SCLK 将主设备的数据输出按位同步发给从设备，用于完成数据的按位采样，SCLK 信号由主设备发出。

（3）数据交换方式。SPI 主、从设备之间的数据传输被称为数据交换。SPI 协议规定每次数据传输都是主、从双方同时发送数据并接收数据，相当于数据完成了按位的交换。因此，准确来说数据传输并不是单纯的“读”或“写”，而是“读/写”同时发生。当一个设备发送数据的同时也必然接收到数据，接收数据同时也必须发送同样长度的数据。

6.4.3　C8051F02x 中的 SPI 接口

C8051F02x 中具备标准的 SPI 接口，按照交叉开关（CrossBar）的配置，SPI0 接口可以被配置到 P0.0～P0.3 或 P0.2～P0.5，分别为 SCK、MISO、MOSI 和 NSS。

在 C8051F02x 中，SPI0 的控制主要通过 4 个特殊功能寄存器实现，分别为 SPI0CN 控制寄存器、SPI0CFG 配置寄存器、SPI0CKR 时钟频率寄存器和 SPI0DAT 数据寄存器。

（1）SPI0CN 控制寄存器（见图 6-7）。

读/写	读/写	读/写	读/写	只读	只读	读/写	读/写
SPIF	WCOL	MODF	RXOVRN	TXBSY	SLVSEL	MSTEN	SPIEN
位7	位6	位5	位4	位3	位2	位1	位0

图 6-7　SPI0CN 控制寄存器结构（地址：0xF8）

其中需要特别注意的是 Bit1 和 Bit0 位：

1）位 1。MSTEN 为主方式使能位 0。

0：禁止主方式，以从方式操作。

1：使能主方式，以主方式操作。

2）位 0。SPIEN：SPI 使能位。

0：禁止 SPI。

1：使能 SPI。

（2）SPI0CFG 配置寄存器（见图 6-8）。

读/写	读/写	只读	只读	只读	读/写	读/写	读/写
CKPHA	CKPOL	BC2	BC1	BC0	SPIFRS2	SPIFRS1	SPIFRS0
位7	位6	位5	位4	位3	位2	位1	位0

图 6-8　SPI0CFG 配置寄存器结构（地址：0x9A）

1）位 7。CKPHA：SPI0 时钟相位。

0：在 SCK 周期的第一个边沿采样数据。

1：在 SCK 周期的第二个边沿采样数据。

2）位 6。CKPOL：SPI0 时钟极性。

0：SCK 在空闲状态时处于低电平。

1：SCK 在空闲状态时处于高电平。

3）位 5~3。BC2~BC0：SPI0 位计数器——指示当前 SPI0 发送到哪一位。

4）位 2~0。SPIFRS2~SPIFRS0：SPI0 数据长度。

主模式下：表明 SPI0 数据传输位数。

从模式下：忽略。

SPIFRS2~SPIFRS0 与传输位数对应关系见表 6-3。

表 6-3　SPIFRS2~SPIFRS0 与传输位数对应关系

SPIFRS2	SPIFRS1	SPIFRS0	传输位数
0	0	0	1
0	0	1	2
0	1	0	3
0	1	1	4
1	0	0	5
1	0	1	6
1	1	0	7
1	1	1	8

（3）SPI0CKR 时钟频率寄存器（见图 6-9）。

读/写	读/写	读/写	读/写	读/写	读/写	读/写	读/写
SCR7	SCR6	SCR5	SCR4	SCR3	SCR2	SCR1	SCR0
位7	位6	位5	位4	位3	位2	位1	位0

图 6-9　SPI0CKR 时钟频率寄存器结构（地址：0x9D）

位 7~0。SCR7~SCR0：SPI0 时钟频率。

主模式下，该寄存器确定 SCK 数据的频率，此频率由系统时钟分频得到，计算方式为

$$f_{SCK} = \frac{SYSCLK}{2(SPI0CKR + 1)}$$

式中，SYSCLK 为系统时钟。

（4）SPI0DAT 数据寄存器（见图 6-10）。

读/写	读/写	读/写	读/写	读/写	读/写	读/写	读/写
位7	位6	位5	位4	位3	位2	位1	位0

图 6-10　SPI0DAT 数据寄存器结构（地址：0x9B）

位 7~0：SPI0 发送和接收数据寄存器。

该寄存器用于发送和接收 SPI0 数据，在主模式下，向该寄存器写入数据，数据进入移位寄存器并发送；读取该寄存器则获得接收缓存器数据。

通过对以上几个寄存器进行正确设置和操作，即可建立 C8051F02x 与外部设备间的 SPI 数据通信。

为了实现对于 MCP2510 的设置和操作，SPI0 端口可通过以下方式进行初始化配置。

```
void SPI0_init()
{
    SPI0CFG = 0x07;          // 第1边沿采样，时钟空闲为低，8位字长
    SPI0CN = 0x03;           // SPI0主操作方式，SPI0使能
    SPI0CKR = 0x08;          // 614.4K时钟频率（SYSCLK=11.0592MHz）
}
```

MCP2510 的 SPI 指令集见表 6-4。

表 6-4 MCP2510 的 SPI 指令集

指令名称	指令格式	功能
复位操作	1100 0000	将内部寄存器复位为默认状态，进入配置模式
读操作	0000 0011	从指定地址读取寄存器数值
写操作	0000 0010	向指定地址写入寄存器数据
发送请求	1000 0nnn	启动一个或多个发送缓冲器发送报文，nnn 分别指定：TXB2、TXB1、TXB0
状态读操作	1010 0000	读取 MCP2510 的状态
位修改操作	0000 0101	对指定寄存器按位修改

根据以上信息，可以先编写好针对各个指令的 SPI 操作函数，作为操作 MCP2510 的驱动函数。函数保留适当入口参数，在不同的操作情况下，根据需求写入、读出数据。

```
// MCP2510复位操作
void SPI_RST()
{
    while (TXBSY);              //SPI接口忙检测
    SPI0DAT = 0xc0;             //复位命令送入SPI数据发送缓冲器
    while (TXBSY);              //SPI接口忙检测
}
//MCP2510寄存器数据写操作
void SPI_write(uchar addr, uchar num)
{
    uchar idata i;
    while (TXBSY);              //SPI接口忙检测;
    SPI0DAT = 0x02;             //写寄存器命令0000 0010
                                //送入SPI数据发送缓冲器
    while (TXBSY);              //SPI接口忙检测
    SPI0DAT = addr;             //MCP2510寄存器地址
                                //送入SPI数据发送缓冲器
    //通过SPI数据发送缓冲器发送num个数据
    for (i = 0; i < num; i++)
    {
        while (TXBSY);          //SPI接口忙检测;
        SPI0DAT = SPI[i];       //SPI[]为外部数组，用于填写发送数据
    }
    while (TXBSY);              //SPI接口忙检测
}
//MCP2510寄存器数据读操作
void SPI_read(uchar addr, uchar num)
{
    uchar idata i;
    while (TXBSY);              //SPI接口忙检测
    SPI0DAT = 0x03;             //读寄存器命令0000 0011
```

```
                                //送入SPI数据发送缓冲器
    while (TXBSY);              //SPI接口忙检测
    SPI0DAT = addr;             //寄存器地址送入SPI数据发送缓冲器
    //通过SPI数据接收缓冲器接收num个数据
    for (i = 0; i < num; i++)
    {
        while (TXBSY);          //SPI接口忙检测
        SPI0DAT = SPI[i];       //SPI接口写任意数据
        while (TXBSY);          //SPI接口忙检测
        SPI[i] = SPI0DAT;       //SPI[]为外部数组，用于保存接收数据
    }
    while (TXBSY);              //SPI接口忙检测
}
//MCP2510请求发送操作
void SPI_RTR(uchar rtr)
{
    while (TXBSY);              //SPI接口忙检测;
    SPI0DAT = rtr;              //请求发送命令送入SPI数据发送缓冲器;
                                //rtr为：1000 0nnn
                                //其中nnn指定发送缓冲器
                                //nnn分别指向缓冲器2、缓冲器1、缓冲器0
    while (TXBSY);              //SPI接口忙检测
}
//MCP2510状态寄存器读操作
uchar SPI_stat()
{
    uchar idata x;
    while (TXBSY);              //SPI接口忙检测
    SPI0DAT = 0xa0;             //读状态寄存器命令1010 0000
                                //送入SPI数据发送缓冲器
    while (TXBSY);              //SPI接口忙检测
    SPI0DAT = 0x00;             //SPI接口写任意数据
    while (TXBSY);              //SPI接口忙检测
    x = SPI0DAT;                //从SPI数据接收缓冲器读取状态寄存器数据
    SPI0DAT = 0x00;             //SPI接口写任意数据，用于接收第 2 字节数据
                                //第 2 字节与第 1 字节数据重复，可不保存
    while (TXBSY);              //SPI接口忙检测
    return x;                   //返回读取的状态寄存器数据
}
//MCP2510寄存器位修改操作
void SPI_bitbrs(addr, mb, dat)
{
    while (TXBSY);              //SPI接口忙检测
    SPI0DAT = 0x05;             //寄存器位刷新命令0000 0101
                                //送入SPI数据发送缓冲器
    while (TXBSY);              //SPI接口忙检测
    SPI0DAT = addr;             //MCP2510寄存器地址
                                //送入SPI数据发送缓冲器
    while (TXBSY);              //SPI接口忙检测;
    SPI0DAT = mb;               //MCP2510位屏蔽数据
```

```
                                    //送入SPI数据发送缓冲器
                                    //位屏蔽寄存器仅对部分寄存器位有效
    while (TXBSY);                  //SPI接口忙检测
    SPI0DAT = dat;                  //修改数据送SPI数据发送缓冲器
    while (TXBSY);                  //SPI接口忙检测
}
```

6.4.4 MCP2510设置和报文收、发操作

在了解了MCP2510芯片基本控制方式，并掌握SPI接口的操作方法后，可以开展针对MCP2510芯片的设置和操作，使其按照希望的方式进行工作。在对MCP2510的配置过程中，使用前面编写的SPI接口的读、写函数完成对MCP2510内部寄存器的读、写。

6.4.4.1 MCP2510的配置

在MCP2510的初始化配置中，主要针对以下几个寄存器进行操作：CAN状态寄存器（CANSTAT），接收缓冲器引脚控制和状态寄存器（BFPCTRL），配置寄存器1、2、3（CNF1、CNF2、CNF3），验收滤波寄存器（RXF0SIDH、RXF0SIDL），屏蔽寄存器（RXM0SIDH、RXM0SIDL）和中断使能寄存器（CANINTE）。

（1）CAN状态寄存器（CANSTAT，见图6-11）。

只读	只读	只读	未用	只读	只读	只读	未用
OPMOD2	OPMOD1	OPMOD0	—	ICOD2	ICOD1	ICOD0	—
位7	位6	位5	位4	位3	位2	位1	位0

图6-11 CANSTAT状态寄存器结构（地址：0x0E）

1）位7~5。OPMOD<2：0>：用于标识MCP2510当前工作模式。

000=正常工作模式。

001=休眠模式。

010=回环模式。

011=监听模式。

100=配置模式。

2）位3~1。ICOD<2：0>：中断标志码，指明中断类型。

000=无中断。

001=出错中断。

010=唤醒中断。

011=TXB0中断。

100=TXB1 中断。

101=TXB2 中断。

110=RXB0 中断。

111=RXB1 中断。

应用程序可通过读取该寄存器数值判断 MCP2510 当前的工作状态，需要注意的是，在对 MCP2510 进行初始化配置前，需读取该寄存器数值（OPMOD<2：0>位），确保芯片处于“配置模式”中，否则，可能出现配置失败的情况。

通过调用 SPI_ RST（）函数对芯片进行复位操作，可使芯片进入配置模式，也可通过修改 CANCTRL 寄存器中的 REQOP<2：0>位改变芯片工作模式，见表 6-5。

表 6-5　REQOP<2：0>对应 MCP2510 模式

模式类型	REQOP<2：0>
正常工作模式	000
休眠模式	001
回环模式	010
监听模式	011
配置模式	100

（2）接收缓冲器引脚控制和状态寄存器（BFPCTRL，见图 6-12）。

未用	未用	读/写	读/写	读/写	读/写	读/写	读/写
—	—	B1BFS	B0BFS	B1BFE	B0BFE	B1BFM	B0BFM
位7	位6	位5	位4	位3	位2	位1	位0

图 6-12　BFPCTRL 接收缓冲器引脚控制和状态寄存器结构（地址：0x0C）

1）位 5。B1BFS：引脚/RX1BF 状态。

2）位 4。B0BFS：引脚/RX0BF 状态。

3）位 3。B1BFE：/RX1BF 引脚功能使能。

1=引脚功能使能，工作模式由 B1BFM 位的状态决定。

0=引脚功能禁止，引脚为高阻状态。

4）位 2。B0BFE：/RX0BF 引脚功能使能。

1=引脚功能使能，工作模式由 B0BFM 位的状态决定。

0=引脚功能禁止，引脚为高阻状态。

5）位 1。B1BFM：RX1BF 引脚工作模式。

1＝当有报文载入接收缓冲器 1 时，该引脚用来产生中断请求。

0＝数字输出模式。

6）位 0。B0BFM：RX0BF 引脚工作模式。

1＝当有报文载入接收缓冲器 0 时，该引脚用来产生中断请求。

0＝数字输出模式。

在本项目初始化代码中，将 BFPCTRL 寄存器的第 0 位——BFPCTRL. B0BFM 位设置为 1，目的是将 RX0BF 引脚设置为中断请求，即当接收缓冲器 0 有报文载入时，通过 RX0BF 引脚产生中断请求，触发 MCU 外部中断，进入中断服务程序，处理报文。

（3）配置寄存器 1、2、3（CNF1、CNF2、CNF3，见图 6-13、图 6-14、图 6-15）。

读/写	读/写	读/写	读/写	读/写	读/写	读/写	读/写
SJW1	SJW0	BRP5	BRP4	BRP3	BRP2	BRP1	BRP0
位7	位6	位5	位4	位3	位2	位1	位0

图 6-13　CNF1 配置寄存器结构（地址：0x2A）

1）位 7~6。SJW<1：0>：设定同步跳转宽度。

11＝4xTQ。

10＝3xTQ。

01＝2xTQ。

00＝1xTQ。

2）位 5~0。BRP<5：0>：波特率预分频器设置。

TQ＝2（BRP<5：0>+1）/FOSC（其中，FOSC 为内部时钟频率）。

读/写	读/写	读/写	读/写	读/写	读/写	读/写	读/写
BTLMODE	SAM	PHSEG12	PHSEG11	PHSEG10	PRSEG2	PRSEG1	PRSEG0
位7	位6	位5	位4	位3	位2	位1	位0

图 6-14　CNF2 配置寄存器结构（地址：0x29）

1）位 7。BTLMODE：相位段 2 位时间长度。

1：相位段 2 位时间长度由 CNF3 中的 PHSEG22：PHSEG20 确定。

0：相位段 2 位时间长度取相位缓冲段 1 和 IPT（2TQ）之间的较大值。

2）位 6。SAM：采样点配置。

1：在采样点对总线进行三次采样。

0：在采样点对总线进行一次采样。

3）位 5~3。PHSEG1<2：0>：相位段 1 位时间长度。

相位段 1 位时间长度=（PHSEG1+1）TQ。

4）位 2~0。PRSEG：传播段长度。

传播段长度=（PRSEG+1）TQ。

未用	读/写	未用	未用	未用	读/写	读/写	读/写
—	WAKFIL	—	—	—	PHSEG22	PHSEG21	PHSEG20
位7	位6	位5	位4	位3	位2	位1	位0

图 6-15　CNF3 配置寄存器结构（地址：0x28）

1）位 6。WAKFIL：唤醒输入引脚滤波使能位。

1：唤醒输入引脚滤波使能。

0：唤醒输入引脚滤波禁止。

2）位 2~0。PHSEG2：相位段 2 位时间长度。

相位段 2 位时间长度=（PHSEG2+1）TQ。

配置寄存器 1、2、3 主要用于配置 CAN 总线的位定时，在同一 CAN 总线系统中应保证各个节点设置一致。在本任务中将 CNF1、CNF2、CNF3 分别设置为 0x02、0xd1、0x03。

（4）验收滤波寄存器（RXF0SIDH、RXF0SIDL，见图 6-16、图 6-17）。

验收滤波寄存器用于过滤报文，可配合屏蔽寄存器，将确定接收的报文载入接收缓冲器。验收滤波寄存器分为高位（RXF0SIDH）和低位（RXF0SIDL），拼接起来共同描述 SID10-SID0 位。

读/写	读/写	读/写	读/写	读/写	读/写	读/写	读/写
SID10	SID9	SID8	SID7	SID6	SID5	SID4	SID3
位7	位6	位5	位4	位3	位2	位1	位0

图 6-16　RXF0SIDH 验收滤波寄存器结构（地址：0x00）

位 7~0。SID<10：3>：标准标识符滤波控制位<10：3>。

SID10~SID3 位数据用来对接收到的报文中对应的标准标识符位<10：3>进行匹配。

读/写	读/写	读/写	未用	读/写	未用	读/写	读/写
SID2	SID1	SID0	—	EXIDE	—	EID17	EID16
位7	位6	位5	位4	位3	位2	位1	位0

图 6-17　RXF0SIDL 验收滤波寄存器结构（地址：0x01）

1）位 7~5。SID<2：0>：标准标识符滤波控制位<2：0>。

SID2~SID0 位数据用来对接收到的报文中对应的标准标识符位<2：0>进行匹配。

2）位 3。EXIDE：扩展标识符使能。

1：报文滤波仅应用于扩展帧。

0：报文滤波仅应用于标准帧。

3）位 1~0。EID<17：16>：扩展标识符滤波控制位<17：16>。

EID17~EID16 位数据用来对接收到的报文中对应的扩展标识符位<17：16>进行匹配。

针对扩展标识符进行验收滤波的还有验收滤波器 0 扩展标识符的高位（RXFNEID8），验收滤波寄存器 0 扩展标识符的低位（RXFNEID0）。在本任务中，主要使用 CAN 总线标准帧进行通信，扩展标识符相关寄存器在此不过多介绍。

另外需要注意的是，MCP2510 具备多个接收缓冲器，且每个接收缓冲器配备多个验收滤波器。用户可根据每个验收滤波器不同地址，分别设置每个验收滤波器数值。

（5）屏蔽寄存器（RXM0SIDH、RXM0SIDL，见图 6-18、图 6-19）。

读/写	读/写	读/写	读/写	读/写	读/写	读/写	读/写
SID10	SID9	SID8	SID7	SID6	SID5	SID4	SID3
位7	位6	位5	位4	位3	位2	位1	位0

图 6-18　RXM0SIDH 屏蔽寄存器结构（地址：0x20）

位 7~0。SID<10：3>：标准标识符屏蔽控制位。

SID10-SID3 位数据用来对接收到的报文中对应的标准标识符位<10：3>进行屏蔽。

读/写	读/写	读/写	未用	未用	未用	读/写	读/写
SID2	SID1	SID0	—	—	—	EID17	EID16
位7	位6	位5	位4	位3	位2	位1	位0

图 6-19　RXM0SIDL 屏蔽寄存器结构（地址：0x21）

1）位 7~5。SID<2：0>：标准标识符屏蔽控制位。

SID2~SID0 位数据用来对接收到的报文中对应的标准标识符位<2：0>进行屏蔽。

2）位 1~0。EID<17：16>：标准标识符屏蔽控制位。

EID17~EID16 位数据用来对接收到的报文中对应的扩展标识符位<17：16>进行屏蔽。

MCP2510 具有两套完整的屏蔽寄存器，分别为屏蔽寄存器 0（RXM0）和屏蔽寄存器 1（RXM1），分别配合两个接收缓冲器工作。以上介绍的寄存器为针对接收缓冲器 0 工作的 RXM0。除了以上介绍的两个标准标识符屏蔽寄存器外，RXM0 还配置有针对扩展标识符的屏蔽寄存器——RXM0EID8、RXMNEID0。由于在本项目中未使用扩展标识，因此在此不做过多介绍。

屏蔽寄存器和验收滤波寄存器配合工作，共同完成对于报文的验证。当 MCP2510 接收到有效报文时，屏蔽寄存器将决定报文中哪些标识符位需要进行匹配，需要进行匹配的标识符位将与验收滤波寄存器中对应位置进行比较，若匹配则该报文将被接收至接收缓冲器中。

屏蔽寄存器与验收滤波寄存器的工作方式见表 6-6。

表 6-6　屏蔽寄存器与验收滤波寄存器的工作方式

屏蔽寄存器 n 位	验收滤波寄存器 n 位	报文标识符 n 位	结果
0	×	×	通过
1	0	0	通过
1	0	1	拒绝
1	1	0	拒绝
1	1	1	通过

（6）中断使能寄存器（CANINTE，见图 6-20）

读/写	读/写	读/写	读/写	读/写	读/写	读/写	读/写
MERRE	WAKIE	ERRIE	TX2IE	TX1IE	TX0IE	RX1IE	RX0IE
位7	位6	位5	位4	位3	位2	位1	位0

图 6-20　CANINTE 中断使能寄存器的结构（地址：0x2B）

1）位 7。MERRE：报文错误中断使能位。

1：报文接收或发送错误中断使能。

0：中断禁止。

2）位 6。WAKIE：唤醒中断使能位。

1：CAN 总线活动触发中断使能。

0：中断禁止。

3）位 5。ERRIE：错误中断使能。

1：EFLG 错误状态变化中断使能。

0：中断禁止。

4）位 4。TX2IE：发送缓冲器 2 空中断使能。

1：TXB2 为空时，触发中断。

0：中断禁止。

5）位 3。TX1IE：发送缓冲器 1 空中断使能。

1：TXB1 为空时，触发中断。

0：中断禁止。

6）位 2。TX0IE：发送缓冲器 0 空中断使能。

1：TXB0 为空时，触发中断。

0：中断禁止。

7）位 1。RX1IE：接收缓冲器 1 满中断使能。

1：RXB1 装入报文时，触发中断。

0：中断禁止。

8）位 0。RX0IE：接收缓冲器 0 满中断使能。

1：RXB0 装入报文时，触发中断。

0：中断禁止。

该寄存器中 RX1IE 位和 RX0IE 位分别作为接收缓冲器 1 和接收缓冲器 0 的中断标志位，在处理 MCP2510 的接收数据时作用明显。在 RX1IE 或 RX0IE 被置为 1 的情况下，当接收缓冲器 1 或接收缓冲器 0 被填入数据时，CANINTF. RX1IF 位或 CANINTF. RX0IF 位会被置 1，并触发接收中断，通知 MCU 处理缓冲器中数据。

以上简要介绍了几个涉及 MCP2510 工作配置的寄存器，建议读者认真阅读芯片手册，理解 MCP2510 工作方式以及相关寄存器设置方法。

针对本项目应用，首先编写 MCP2510 初始化配置代码，在初始化函数中完成对于芯片及 CAN 总线工作方式的基本配置，流程如下。

其一，通过 SPI_ RST（）函数对 MCP2510 复位，芯片将在复位后自动进入“配置模式”，代码通过读取 CAN 状态寄存器（CANSTAT）第 7 位，确保芯片成功进入“配置模式”。

其二，设置 BFPCTRL-RXNBF 引脚控制和状态寄存器，将 RXnBF 引脚作为接收缓冲器满提示，用以触发 C8051F023 CORE 模块中断。

其三，设置 CNF1、2、3 寄存器（为了保证同一总线系统中各节点通信正常，建议总线中各节点 MCP2510 寄存器设置内容一致）。

其四，设置验收滤波寄存器 0（RXF0SIDH）和屏蔽寄存器 0（RXM0SIDH），指明报文的验收条件。

其五，将 CAN 控制寄存器（CANCTRL）中 REQOP<2：0>位设置为“000”，使 MCP2510 进入“正常工作模式”。

其六，设置中断使能寄存器（CANINTE），使能接收缓冲器 0 中断。

其七，设置接收缓冲器 0 控制器（RXB0CTRL），指明验收滤波器和屏蔽寄存器工作状态。代码如下：

```
//MCP2510初始化
void can_init(void)
{
    uchar temp;
    CANCS = 0;                  //CAN选通有效
    SPI_RST();                  //复位，进入配置模式
    CANCS = 1;                  //CAN选通撤除

    temp = 0;
    //检测CAN控制器是否进入配置模式
    while ((temp & 0x80) == 0)
    {                           //CANSTAT.7=1为配置模式
        CANCS = 0;              //CAN选通有效
        SPI_read(0x0e, 1);      //读状态寄存器CANSTAT
        CANCS = 1;              //CAN选通撤除
        temp = SPI[0];          //读取状态寄存器数据
    }
    //BFPCTRL<3:0>=1111, BXnBF引脚用作接收缓冲器满提示
    SPI[0] = 0x0f;
    CANCS = 0;                  //CAN选通有效
    SPI_write(0x0c, 1);         //设置BXnBF引脚为接收缓冲器满提示功能
    CANCS = 1;                  //CAN选通撤除

    //PHSEG2=4Tq,唤醒输入引脚过滤禁止
    //PHSEG2由CF3决定,三次采样,PHSEG1=3Tq,PRSEG=2Tq
    //fosc=12Mhz,Tq=0.5uS,BRP<5:0>=000011,SJW=1Tq
    SPI[0] = 0x03;
    SPI[1] = 0xd1;
    SPI[2] = 0x02;
    CANCS = 0;                  //CAN选通有效
    SPI_write(0x28, 3);         //设置CNF3=03H、CNF2=D1H、CNF1=02H
    CANCS = 1;                  //CAN选通撤除
```

```
    //验收滤波器0和1被全部屏蔽所以不必写初值
    SPI[0] = 0x00;              //标准标识符高位00H
    SPI[1] = 0x00;              //标准标识符低位00H
    CANCS = 0;                  //CAN选通有效
    SPI_write(0x00, 2);         //写验收滤波器0
    CANCS = 1;                  //CAN选通撤除

    SPI[0] = 0x00;              //屏蔽寄存器标准标识符高位00H
    SPI[1] = 0x00;              //屏蔽寄存器标准标识符低位00H
    CANCS = 0;                  //CAN选通有效
    SPI_write(0x20, 2);         //写接收过滤屏蔽寄存器0（全屏蔽）
    CANCS = 1;                  //CAN选通撤除
    SPI[0] = 0x00;              //CANCTRL--REQOP<2:0>=000
    CANCS = 0;                  //CAN选通有效
    SPI_write(0x0f, 1);         //设置正常工作模式
    CANCS = 1;                  //CAN选通撤除

    SPI[0] = 0x25;              //CANINTE--ERRIE=1,TX0IE=1,RE0IE=1
    CANCS = 0;                  //CAN选通有效
    SPI_write(0x2b, 1);         //使能TX0、RX0中断
    CANCS = 1;                  //CAN选通撤除

    SPI[0] = 0x20;              //RXM<1:0>=01,BUKT=0
    CANCS = 0;                  //CAN选通有效
    SPI_write(0x60, 1);         //RXB0仅接收符合过滤条件的标准帧,禁止滚存
    CANCS = 1;                  //CAN选通撤除

    SPI[0] = 0x20;              //RXM<1:0>=01
    CANCS = 0;                  //CAN选通有效
    SPI_write(0x70, 1);         //RXB1仅接收符合过滤条件的标准帧
    CANCS = 1;                  //CAN选通撤除
}
```

以上代码是对 MCP2510 的配置示例，其中，CANCS 定义为 C8051F023 CORE 的一个引脚，该引脚与 MCP2510 的选通端（CS）连接，作为 MCP2510 的选通信号。

在此配置中，屏蔽寄存器 0 的标识符高位和标识符低位均被设置为 0x00，标识所有报文均不需要经过验收滤波器的匹配，也就是说所有标准标识符报文均会被接收（验收滤波寄存器 0 未起到作用，因此也可将标识符的高位和低位设置为 0x00）。这样操作的目的是便于用户较为便捷地验证通信功能，在实际使用过程中，可通过屏蔽寄存器与验收滤波寄存器配合工作，根据需求有选择性地接收报文。

6.4.4.2 CAN 总线数据发送

MCP2510 实现 CAN 报文发送操作较为简单，只需要将正确的标识符以及发

送数据内容填写到对应寄存器，并启动发送指令即可。所涉及寄存器主要包括发送缓冲器0标准标识符高、低位寄存器（TXB0SIDH、TXB0SIDL）；发送缓冲器0扩展标识符高、低位寄存器（TXB0EID8、TXB0EID0）；发送缓冲器0数据长度寄存器（TXB0DLC）以及发送缓冲器0数据寄存器（TXB0DM）等。

（1）发送缓冲器0标准标识符高、低位寄存器（TXB0SIDH、TXB0SIDL，见图6-21、图6-22）。

读/写	读/写	读/写	读/写	读/写	读/写	读/写	读/写
SID10	SID9	SID8	SID7	SID6	SID5	SID4	SID3
位7	位6	位5	位4	位3	位2	位1	位0

图6-21　TXB0SIDH发送缓冲器0标准标识符高位寄存器结构（地址：0x31）

位7~0。SID<10：3>：标准标识符<10：3>。

发送报文中标准标识符<10：3>。

读/写	读/写	读/写	未用	读/写	未用	读/写	读/写
SID2	SID1	SID0	—	EXIDE	—	EID17	EID16
位7	位6	位5	位4	位3	位2	位1	位0

图6-22　TXB0SIDL发送缓冲器0标准标识符低位寄存器结构（地址：0x32）

1）位7~5。SID<2：0>：标准标识符<2：0>。

发送报文中标准标识符<2：0>。

2）位3。EXIDE：扩展标识符使能。

1：报文包括扩展标识符。

0：报文不包括扩展标识符。

3）位1~0。EID<17：16>：扩展标识符<17：16>。

发送报文中扩展标识符<17：16>。

（2）发送缓冲器0扩展标识符高、低位寄存器（TXB0EID8、TXB0EID0，见图6-23、图6-24）。

读/写	读/写	读/写	读/写	读/写	读/写	读/写	读/写
EID15	EID14	EID13	EID12	EID11	EID10	EID9	EID8
位7	位6	位5	位4	位3	位2	位1	位0

图6-23　TXB0EID8发送缓冲器0扩展标识符高位寄存器结构（地址：0x33）

位 7~0。EID<15：8>：扩展标识符<15：8>。

发送报文中扩展标识符<15：8>。

读/写	读/写	读/写	读/写	读/写	读/写	读/写	读/写
EID7	EID6	EID5	EID4	EID3	EID2	EID1	EID0
位7	位6	位5	位4	位3	位2	位1	位0

图 6-24　TXB0EID0 发送缓冲器 0 扩展标识符低位寄存器结构（地址：0x34）

位 7~0。EID<7：0>：扩展标识符<7：0>。

发送报文中扩展标识符<7：0>。

（3）发送缓冲器 0 数据长度寄存器（TXB0DLC，见图 6-25）

未用	读/写	未用	未用	读/写	读/写	读/写	读/写
—	RTR	—	—	DLC3	DLC2	DLC1	DLC0
位7	位6	位5	位4	位3	位2	位1	位0

图 6-25　TXB0DLC 发送缓冲器 0 数据长度寄存器结构（地址：0x35）

1）位 6。RTR：远程发送请求位。

1：发送报文为远程帧。

0：发送报文为数据帧。

2）位 3~0。DLC<3：0>：发送数据长度。

DLC<3：0>的数值表示发送数据长度，长度 0~8。

（4）发送缓冲器 0 数据寄存器（TXB0DM）

发送缓冲器 0 的数据寄存器共 8 个，分别为 TXB0D0~TXB0D7，地址为 0x36~0x3D。此 8 字节寄存器用于放置待发送数据。

CAN 报文发送流程如下（使用发送缓冲器 0）。

首先，填写发送缓冲器 0 标识符寄存器，包括：TXB0SIDH、TXB0SIDL、TXB0EID8、TXB0EID0。由于在本例中只发送标准标识符的数据帧，因此，TXB0SIDL 中 EXIDE 位为 0，EID17 和 EID16 位以及 TXB0EID8、TXB0EID0 寄存器不必填写。

其次，填写发送信息至发送缓冲器 0 数据长度码寄存器（TXB0DLC）。本例发送数据帧，RTR 位依次设定填写 0。发送数据共 4 字节，DLC<0：3>填写 0100b。

再次，将发送数据填写至发送缓冲器 0 数据段字节寄存器（TXB0DM）。

最后，MCP2510 发送“发送请求”指令，MCP2510 自动完成报文发送。

参考代码如下：

```
//CAN控制器发送报文
void CAN_tran()
{
    SPI[0] = 0x01;              //填写缓冲器标准标识符高位
    SPI[1] = 0x00;              //填写缓冲器标准标识符低位及EXIDE
    SPI[2] = 0x00;
    SPI[3] = 0x00;
    SPI[4] = 0x04;              //填写RTR位并填写数据长度（4字节）
    CANCS = 0;                  //CAN选通有效
    //将标识符等信息写入0x31-0x35地址的寄存器
    SPI_write(0x31, 5);
    CANCS = 1;                  //CAN选通撤除

    SPI[0] = 0x01;              //填写发送数据1
    SPI[1] = 0x02;              //填写发送数据2
    SPI[2] = 0x03;              //填写发送数据3
    SPI[3] = 0x04;              //填写发送数据4
    CANCS = 0;                  //CAN选通有效
    //将发送数据写入发送缓冲器0数据段字节
    SPI_write(0x36, 4);
    CANCS = 1;                  //CAN选通撤除

    CANCS = 0;                  //CAN选通有效
    SPI_RTR(0x81);              //写入发送指令，启动TXB0
    CANCS = 1;                  //CAN选通撤除
}
```

以上代码实现了一次 CAN 报文的发送，标准标识符为“00000000001”，发送数据长度为 4 字节，数据内容为“0x01 0x02 0x03 0x04”。

6.4.4.3 CAN 总线数据接收

MCP2510 会自动接收来自总线的报文，并将报文与接收滤波器进行比较，将符合条件的报文放置于接收缓冲器 RXB0 和 RXB1 中（当一个接收缓冲器处于接收等待或保存着接收的上一条报文时，MCU 可以对另一个缓冲器进行访问）。

代码通过读取接收缓冲器 0 标准标识符高、低位寄存器（RXB0SIDH、RXB0SIDL）；接收缓冲器 0 扩展标识符高、低位寄存器（RXB0EID8、RXB0EID0）；接收缓冲器 0 数据长度寄存器（RXB0DLC）以及接收缓冲器 0 数据寄存器（RXB0DM），获得接收到的报文内容。

（1）接收缓冲器 0 标准标识符高、低位寄存器（RXB0SIDH、RXB0SIDL，见图 6-26、图 6-27）。

只读	只读	只读	只读	只读	只读	只读	只读
SID10	SID9	SID8	SID7	SID6	SID5	SID4	SID3
位7	位6	位5	位4	位3	位2	位1	位0

图 6-26　RXB0SIDH 接收缓冲器 0 标准标识符高位寄存器结构（地址：0x61）

位 7~0。SID<10：3>：标准标识符<10：3>。

接收报文中标准标识符<10：3>。

只读	只读	只读	只读	只读	未用	只读	只读
SID2	SID1	SID0	SSR	IDE	—	EID17	EID16
位7	位6	位5	位4	位3	位2	位1	位0

图 6-27　RXB0SIDL 接收缓冲器 0 标准标识符低位寄存器结构（地址：0x62）

1）位 7~5。SID<2：0>：标准标识符<2：0>。

接收报文中标准标识符<2：0>。

2）位 4。SSR：远程发送请求位。

1：收到远程发送请求。

0：收到标准数据帧。

3）位 3。IDE：扩展标识符标志。

1：收到报文为扩展帧。

0：收到报文为标准帧。

4）位 1~0。EID<17：16>：扩展标识符<17：16>。

接收报文中扩展标识符<17：16>。

（2）接收缓冲器 0 扩展标识符高、低位寄存器（RXB0EID8、RXB0EID0，见图 6-28、图 6-29）。

只读	只读	只读	只读	只读	只读	只读	只读
EID15	EID14	EID13	EID12	EID11	EID10	EID9	EID8
位7	位6	位5	位4	位3	位2	位1	位0

图 6-28　RXB0EID8 接收缓冲器 0 扩展标识符高位寄存器结构（地址：0x63）

位 7~0。EID<15：8>：扩展标识符<15：8>。

接收报文中扩展标识符<15：8>。

只读	只读	只读	只读	只读	只读	只读	只读
EID7	EID6	EID5	EID4	EID3	EID2	EID1	EID0
位7	位6	位5	位4	位3	位2	位1	位0

图 6-29　RXB0EID0 接收缓冲器 0 扩展标识符低位寄存器结构（地址：0x64）

位 7~0。EID<7：0>：扩展标识符<7：0>。

接收报文中扩展标识符<7：0>。

（3）接收缓冲器 0 数据长度寄存器（RXB0DLC，见图 6-30）

未用	读/写	读/写	读/写	读/写	读/写	读/写	读/写
—	RTR	RB1	RB0	DLC3	DLC2	DLC1	DLC0
位7	位6	位5	位4	位3	位2	位1	位0

图 6-30　RXB0DLC 接收缓冲器 0 数据长度寄存器结构（地址：0x65）

1）位 6。RTR：扩展帧远程发送请求位（当 RXBnSIDL. IDE = 1 时有效）。

0：收到扩展远程帧。

1：收到扩展标志帧。

2）位 5~4。RB<1：0>：保留位。

3）位 3~0。DLC<3：0>：接收到有效数据长度。

DLC<3：0>的数值表示接收到的有效数据长度，长度 0~8。

（4）接收缓冲器 0 数据寄存器（RXB0DM）。接收缓冲器 0 的数据寄存器共 8 个，分别为 RXB0D0~RXB0D7，地址为 0x66~0x6D。此 8 字节寄存器用于放置接收到的有效数据，MCU 可通过读取这些寄存器获得接收到的数据字节。

当某一报文到达，并通过滤波、接收匹配后，会被放入接收缓冲器，而与该缓冲器对应的 CANINTF. RXNIF 位会被自动置位 1。由于在初始化函数 can_ init（void）中，将 CANINTE 寄存器中的 RX0IE 位设置为 1，因此当 RXB0 缓冲器中被放入报文后，MCP2510 会在 RX0BF 引脚产生中断信号。

在硬件设计中，RX0BF 引脚被连接至 C8051F023 CORE 的 INT0 引脚，所以每当 MCP2510 接收到符合报文滤波器要求的报文时，会触发 C8051F023 的 INT0 中断，我们可以编写中断服务函数处理接收到的报文数据。

参考代码如下：

```
//CAN中断函数  使用INT1
void CAN_inter() interrupt 2
{
    unsigned char temp, i, state;
    CANCS = 0;                      //CAN选通有效
    SPI_read(0x2c, 1);              //读中断标志寄存器CANINTF
    CANCS = 1;                      //CAN选通撤除

    if ((SPI[0] & 0x04) != 0)       //发送中断标志TX0IF置1的处理
    {
```

```
        CANCS = 0;                      //CAN选通有效
        //清除发送中断标志TX0IF
        SPI_bitbrs(0x2c, 0x04, 0x00);
        can_tran_end = 1;               //CAN控制器发送完成标志置1
        CANCS = 1;                      //CAN选通撤除
    }

    if ((SPI[0] & 0x01) == 1)           //接收中断标志RX0IF为1的处理
    {
        CANCS = 0;                      //CAN选通有效
        SPI_read(0x61, 5);              //读取标识符
        CANCS = 1;                      //CAN选通撤除

        can_rx[0] = SPI[0];             //转存11位标准标识符和DLC数据
        can_rx[1] = SPI[1];             //标准标识符只需读取11位
        can_rx[2] = SPI[4];

        temp = SPI[4];                  //读取报文的DLC字节
        temp = temp & 0x0f;             //从DLC字节读取数据字节长度
        CANCS = 0;                      //CAN选通有效
        SPI_read(0x66, temp);           //读报文中的temp长度的字节数据
        CANCS = 1;                      //CAN选通撤除
        //转存报文
        for (i = 0; temp > 0; temp--, i++)
        {
            can_rx[3 + i] = SPI[i];
        }
        CANCS = 0;                      //CAN选通有效
       //清除接收中断标志RX0IF
        SPI_bitbrs(0x2c, 0x03, 0x00);
        CANCS = 1;                      //CAN选通撤除
    }
    IE1 = 0;
    return 0;
}
```

以上代码利用中断服务程序，将接收到的 RXB0 缓冲器中的报文读取至 can_rx 数组中。can_rx 和 SPI 数组定义为外部变量，便于数据的传递。代码最后部分将

RX0IF 标志清零，以便 RXB0 缓冲器接收之后到达的报文。

通过以上几个环节的处理（MCP2510 的初始化、报文发送、报文接收），我们实现了对于 MCP2510 的 CAN 总线的基本操作，并完成了标准数据报文的收发任务。接下来的工作将重点放在针对“温度控制系统”的 CAN 通信应用层协议的设计和实现。

6.4.5 温度控制系统 CAN 总线通信设计

根据之前的任务描述，在本任务中需要分别完成针对操作端与执行端的设计与实现。在通信环节中，操作端用于发送控制命令，接收端根据接收到的命令做出响应，包括控制温度反馈数据等操作。

针对任务要求，需要通过 CAN 总线实现以下的通信功能。

（1）温度查询（广播/定点）。

（2）温度控制的启动/停止。

（3）设置定时启动/停止。

（4）查询定时启动/停止。

（5）控制温度的设置/查询。

（6）控制数据的设置/查询。

（7）控制状态查询。

（8）设备在线查询。

（9）时间/日期广播。

为了实现这些通信任务，设计以下针对 CAN 总线的应用层通信协议。

由于 CAN 总线数据帧具有 10 位的标识符，且这些标识符可通过 MCP2510 的验收滤波寄存器和屏蔽寄存器进行过滤，在本任务设计中将节点号（每个设备的编号）以及命令代码（指明操作内容的代码）放置于标准标识符中。接收端可通过验收滤波及屏蔽寄存器的设置，接收指定发送端的特定命令。

CAN 报文中数据段的第 1 个字节用于表明接收端的地址以及通道号。通道的含义代表温度控制系统中的控制通道，在本任务中可以简化为只有一路控制通道，即通道号只做“00”处理。报文数据段中第 2～4 字节发送针对当前命令的数据内容。

本协议中，除广播信息外，其余发送命令与应答一一对应。应答方针对发送方请求内容（节点号、通道号、命令代码等）进行应答。

报文格式如下：

（1）标准标识符高位（SID10～SID3）。

（2）标准标识符低位（SID2～SID0）、扩展标识符使能位（EXIDE）、扩展标识符高位（EID17-EID16）。

（3）扩展标识符高位（EID15～EID8）。

（4）扩展标识符低位（EID7～EID0）。

（5）远程帧请求位（RTR）/数据长度码（DLC3～DLC0）。

（6）数据字节 1。

（7）数据字节 2。

（8）数据字节 3。

（9）数据字节 4。

标准标识符高位：SID10～SID5，本地节点号。

标准表示符高位/标准表示符低位：SID4～SID0，命令代码。

数据长度码：DLC3～DLC0＝数据字长。

数据字节 1：DATA1＝目标节点号+通道号。

温度控制系统 CAN 总线报文帧格式如图 6-31 所示。

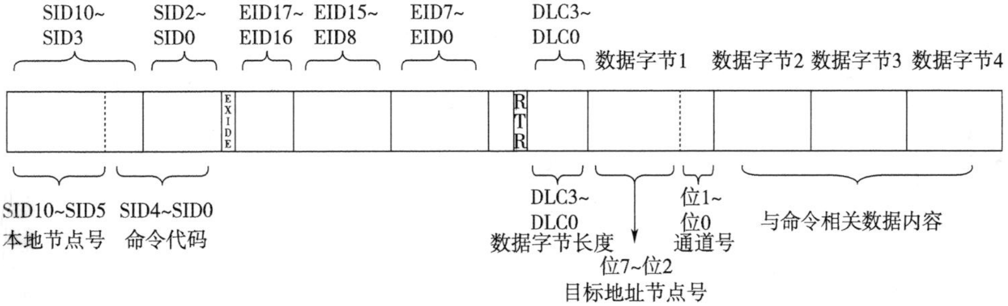

图 6-31　温度控制系统 CAN 总线报文帧格式

在理解了报文内容后，只需按照报文样式，填写好 MCP2510 对应的寄存器，并向 MCP2510 发送“报文发送请求”命令即可完成发送。

对于报文的接收，需要首先在 MCP2510 中配置好接收滤波寄存器和接收屏蔽寄存器，保证报文能够被顺利放置于 RXB0 中；然后利用中断服务程序读取 RXB0 中的报文，从而根据报文内容完成对应的操作，包括进行相应的温度控制以及针对命令要求回复相应的数据。

表 6-7、表 6-8 分别以“CAN 总线温度控制系统发送命令报文格式”和“CAN 总线温度控制系统应答报文格式”的形式描述协议内容。

通过对 CAN 总线报文收发等功能的学习，相信读者已经掌握了 MCP5210 等芯片的基本使用方法，接下来的应用代码编写留给读者自行完成。

表 6-7　CAN 总线温度控制系统发送命令报文格式

命令	本地节点号	命令代码	数据字长	目标节点号	通道号	标识符高位	标识符低位	数据长度码	数据 1	数据 2	数据 3	数据 4
广播温度查询	0-3F	00000	1	0	0-3	00-FC	00	1	00~03	—	—	—
定点温度查询		00001	1	0-3F		00~FC	20	1	00~FF	—	—	—
立即启动/停止控制		00010	1			00~FC	40	1	00~FF	—	—	—
定时启动时间设置		00011	3			00~FC	60	3	00~FF	00~17	00~3B	—
定时停止时间设置		00100	3			00~FC	80	3	00~FF	00~17	00~3B	—
控制温度设置		00101	3			00~FC	A0	3	00~FF	00~63	00~63	—
控制数据设置		00110	3			00~FC	C0	3	00~FF	00~FF	00~FF	—
控制状态查询		00111	2			00~FC	E0	2	00~FF	F0	—	—
启动定时时间查询		00111	2			00~FC	E0	2	00~FF	F1	—	—
停止定时时间查询		00111	2			00~FC	E0	2	00~FF	F2	—	—
控制温度设置查询		00111	2			00~FC	E0	2	00~FF	F3	—	—
控制数据设置查询		00111	2			00~FC	E0	2	00~FF	F4	—	—
设备在线查询		10000	0	—	—	02~FE	00	0	—	—	—	—
时间广播		10010	3			02~FE	40	3	00~17	00~3B	00~3B	—
日期广播		10011	4			02~FE	60	4	00~63	01~0C	01~1F	01~07

表 6-8　CAN 总线温度控制系统应答报文格式

命令	本地节点号	命令代码	数据字长	本地节点号	通道号	标识符高位	标识符低位	数据长度码	数据 1	数据 2	数据 3	数据 4
广播温度查询应答	0-3F	01000	3	0-3F	0-3	01-FD	00	3	00~FF	00~63	00~63	—
定点温度查询应答	0-3F	01001	3	0-3F	0-3	01~FD	20	3	00~FF	00~63	00~63	—
启动/停止状态应答	0-3F	01010	2	0-3F	0-3	01~FD	40	2	00~FF	00/80	—	—
定时启动时间设置应答	0-3F	01011	1	0-3F	0-3	01~FD	60	1	00~FF	—	—	—
定时停止时间设置应答	0-3F	01100	1	0-3F	0-3	01~FD	80	1	00~FF	—	—	—
控制温度设置应答	0-3F	01101	1	0-3F	0-3	01~FD	A0	1	00~FF	—	—	—
控制数据设置应答	0-3F	01110	1	0-3F	0-3	01~FD	C0	1	00~FF	—	—	—
控制状态查询应答	0-3F	01111	3	0-3F	0-3	01~FD	E0	3	00~FF	F0	00/80	—
启动定时时间查询应答	0-3F	01111	4	0-3F	0-3	01~FD	E0	4	00~FF	F1	00~17	00~3B
停止定时时间查询应答	0-3F	01111	4	0-3F	0-3	01~FD	E0	4	00~FF	F2	00~17	00~3B
控制温度设置查询应答	0-3F	01111	4	0-3F	0-3	01~FD	E0	4	00~FF	F3	00~63	00~63
控制数据设置查询应答	0-3F	01111	4	0-3F	0-3	01~FD	E0	4	00~FF	F4	00~FF	00~FF
设备在线查询应答	0-3F	10001	1	0-3F	0	02~FE	20	1	00~FC	—	—	—

练习题

1. CAN 总线是应用较为广泛的一种现场总线，除了 CAN 总线外，现场总线还包括哪些主要类型？请列举 3 种现场总线，并说明其特点和适合的应用场景。

2. CAN 总线实现了 ISO/OSI 标准模型中的哪几层？分别是什么？

3. CAN 总线的报文帧共有几种类型？分别是什么？

4. CAN 总线数据帧主要由几个不同的位场组成？它们分别是什么？

5. CAN 总线的标准数据帧和扩展数据帧有何区别？

6. MCP2510 芯片和 PCA82C250 芯片在 CAN 总线通信的实现过程中分别起到了什么作用？

7. SPI 总线包含几根信号线？它们的名称分别是什么？

8. SPI 总线是否能够实现全双工（Full Duplex）通信？

9. MCP2510 芯片的 RX0BF 和 RX1BF 引脚分别具有什么功能？

10. 请说明 MCP2510 芯片中的验收滤波寄存器和屏蔽寄存器是如何配合工作的，从而实现对于报文的验证。